波罗的海
阿尔卑斯山
卑尔根
德国
哥本哈根
卢贝克
英伦三岛
里昂
蒙桑托
特鲁洛
夏莱
地中海
撒哈拉沙漠
地中海
萨那
也门
曼哈顿
沙弗朔恩
西非
杰内
卡塞纳斯
布吉纳法索
格尔法
撒哈拉
印度洋
西伯利亚
克拉拉
印度洋
通克南
巴沃
卡帕多西亚
西伯利亚
北极冻原
南美安第斯山
伊格鲁
爱斯基摩
乌阿川
蒙特利尔
桑波多
法沃拉
的的喀喀
安第斯山

WHERE IS MY HOME

何处是我家

关于民居的记忆

WHERE IS MY HOME

[加]秦昭◎著

北京大学出版社
PEKING UNIVERSITY PRESS

何处是我家

WHERE IS MY HOME

WHERE IS MY HOME

虽然现代城市的居民
拥有了让人眼花缭乱的生活方式
对家居的理念
却被限制在了
“水泥宫殿”的框框里
人们忘记了
在城市水泥丛林之外
还有着那么多五彩缤纷形式的
传统民居

前言

谁不想有个家，谁不曾默默在心里描绘过自己小窝的样子?

虽然现代城市的居民拥有了让人眼花缭乱的生活方式，对家居的理念却被限制在了“水泥宫殿”的框框里。人们忘记了在城市水泥丛林之外还有着那么多五彩缤纷的传统民居。

从阿尔卑斯山巅到印度洋畔，从西伯利亚的原始森林到地中海的岛屿，从撒哈拉的热土到北极圈的冻原，人类撮土为墙，筑石为壁，立木为柱，覆草为顶，一点点地筑造着自己的栖身之处，再把它们一代代地承传下去。

传统民居，是人类文明发展史上的重要一环。在它们简单无

奇的外观背后是几千年积累下的丰富的建筑经验；在它们简洁多变的造型下面是民族文化的厚重沉淀；在它们朴素无华的装饰上总能找到独具匠心的美丽。

再没有比传统民居更好的形式，能这样完美地把地球上不同民族丰富多彩的历史、文化、艺术和地理环境诸因素融合在一起的了。

让我们走出城市水泥丛林，去观赏一下人类的祖祖辈辈都在栖身的传统民居，去了解一些其他民族和地区的传统与文化，去看看世界各个角落里普通人的家居日子吧。

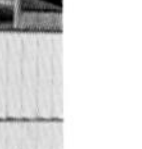

ENHJORNINGEN

目录

从波罗的海
到阿尔卑斯山

Chapter 1

卑尔根，朴素中的色彩
三千公里木骨拼图，德国民居一条路
哥本哈根心脏的飞地
卢贝克，砖哥特古城
茅草屋，英伦三岛的呼唤
老胡同，深藏在里昂的腹地
蒙桑托，石头堆里的村庄
废墟村，艺术之宅
干石屋特鲁洛，碎石垒就的金字塔
大篷车，流浪者的宫殿
夏莱，阿尔卑斯山的回声

卑尔根，朴素中的色彩

都说卑尔根是座雨城。这一点在我在这座北欧小城逗留的几天里得到了证实。四天三夜的时间里只有不到半天的云开雾散。在这短暂宝贵的阳光下，卑尔根的美丽色彩更加饱和。它的温馨的草根风格更加可人。

卑尔根号称挪威的第二大城市。从中国来的游客肯定会被这个显赫的头衔所误导。实际上，它在规模上恐怕还不如中国

卑尔根是座雨城，在宝贵的阳光下，卑尔根的美丽色彩更加饱和。

布里根是一小片混合着北欧和德意志北方建筑风格的尖顶木头房子

现在的一座较大的县城。也正因为此，卑尔根没有大城市的繁华喧闹，有的只是平民小城的宁静与温馨。

这是一座有着厚重历史的小城。但像挪威这个国家一样，它悠久的历史留下的不是哥特、巴洛克和文艺复兴风格的大理石宫殿，而是一排风格简朴、既不宏伟又无气势的木头房子——布里根。

布里根是一小片混合着北欧和德意志北方建筑风格的尖顶木头房子。从外面看上去，它是一排肩并肩挤在一起的排屋。在夏日傍晚迟迟不落的夕阳下，在它的背后山坡郁郁葱葱的绿色的衬托下，它浓重的暖色调更加醒目耀眼，吸引着所有人的目光。

“有点像中国的饭店门口打扮得花枝招展的迎宾女郎。”我的脑子里冒出来个有点不太恰当的比喻。不过，布里根真的很美，她这样亭亭玉立地站在沃根湾的入口处，作为卑尔根这座港口城市的标志再合适不过了。但我更希望看到她在被戴上联合国人类文化遗产桂冠、继而被完全旅游化之前的本来面目。于是我穿过了布里根前面小广场上熙熙攘攘、在露天咖啡座享受夏日长昼的人们，从布里根两座排屋之间的一个歪歪斜斜的小门，走进了这座有六百多年历史、中世纪的汉莎联盟的商贸集散中心。

公元 13 到 17 世纪，欧洲北部的一些城市为了方便地区之间的商贸交流，成立了一个在经济和贸易上统一的组织——汉莎联盟。联盟成员的城市之间在商业和贸易交流上共享优惠，并受到联盟的保护。汉莎联盟的范围从波罗的海到北海，规模大、持续时间长，在促进欧洲北部的经济发展中具有十分重要的作用。布里根曾经是当年汉莎联盟最主要的港口和贸易集散地之一。从欧洲北部来的渔产品和从南部来的农产品在这里大量储存、转售。小城卑尔根在相当长的时期里是挪威和北欧最繁华的商贸港口重镇。

如今，在布里根美丽的“门面”的背后，人们可以看到当年这个商贸集散中心的本来面貌：几条宽仅两米的小夹道纵向分隔开数列两层木头房子。每列房子下面的一层都是无窗少门，一大排木板墙的里面是当年存放货物的仓库。从夹道两头又陡又窄的木楼梯登上二层。长长的走廊的内侧是一间间隔开的简陋小房间。可能是当年各地来的商人们办公和居住的地方。

淫雨霏霏，狭窄的小巷子里更加昏暗。已经经历了几百年风雨的木板墙和廊柱破旧不堪，几盏昏黄的路灯下显得有点神

几条宽仅两米的小夹道纵向分隔开数列两层木头房子。每列房子下面的一层都是无窗小门，一大排木板墙的里面是当年存放货物的仓库。

秘。我似乎闻到了当年长年弥漫在这里的咸鱼干货的气味。虽然四周寂静无声，但不难想象当年这里装货卸货的繁忙景象。

卑尔根在历史上曾经历经劫难。1702 年的一场大火，烧毁了这座城市 85%的建筑，布里根也未能幸免于难。重建后的布里根又先后遭到几次火灾。在 1958 年的火灾之后，部分未完全烧毁的布里根建筑得到了抢修。1978 年布里根被联合国列入了人类文化遗产名录后，卑尔根市政府在原址上建立了布里根汉莎联盟博物馆。如今一部分当年的仓库被改建成为土特产和旅游纪念品商店。游人们可以在简陋的小店里买到制作十分精美的手工刺绣、皮毛制品和工艺品。

巷子里昏暗的路灯下，一个很漂亮很时髦的女孩在一个老旧的门口有点无聊地玩弄着手机。不用进去参观，从她身上的

（右页图）卑尔根老城的民居是清一色的相当简朴的木板屋。

一个漂亮女孩在一个老旧的门口无聊地玩弄着手机。里面是一家皮草专卖店。

穿戴就能断定里面是一家皮草专卖店。别看这家店的外观像个旧仓库，那里面的衣物贵得一般人不敢问津。能在布里根租下一个店面的商家可不是普通的小商贩。

布里根的外部门面和内部的情景形成了极为鲜明的对比。从外面看上去，它那作为人类遗产的标志性尖顶木排屋亮丽非凡。游人如织，在它的前面拍照留念，或者在小广场上的露天咖啡座闲坐，一幅热闹的旅游胜地的景象。而在它的内部，昏暗狭窄的小夹道、简陋老旧的木头建筑摇摇欲坠，沉浸在当年的中世纪气氛当中。这种强烈的对比给人一种十分恍惚的感觉，分不清什么是过去，什么是现实。于是我决定去别处寻找一种真实的感觉，去看看这座小城居民现实的生活。

走出六百年前的汉莎联盟的商贸集散中心，来到了少有游人光顾的卑尔根老城区。它分布在离沃根湾不远的山坡上。

JENSEN
TRYKKSERVICE

从港口望上去，那些散布在绿荫丛中的白色、红色小木屋宁静逸远。

走进卑尔根老城的居民区，马上发现了这里与欧洲其他城市的老城区的明显不同：这里没有在欧洲各国老城区常见的厚重的大理石宫殿、教堂和砖石民宅，没有纵横交错的大街小巷，没有历史的沉重和压抑，也没有文化的繁缛和清规戒律。几条与山坡的等高线平行的小街把住宅区分成了上下几层，每层中几乎没有纵向的街道，大量的算不上街道的小径和石阶在住宅之间上下左右穿行，而民居则是清一色的相当简朴的木板屋。

在挪威的城市里，住宅木屋群很有名，全国有五十多处。卑尔根的木屋群很有代表性。这些木板屋大部分被粉刷成白色，也有红色、黄色等醒目的颜色点缀在住宅群里。小木屋似乎没有什么固定的设计规则。各家各户根据自己的需要决定房子的形状、大小，增减建筑的部分。这使得从远处看上去建筑群简陋无奇、千篇一律。但走近了仔细看，每座都有自己的特色。这个多出一个拐角，那个增建了一间阁楼；这个添加了一个尖顶，那个另有一个小阳台。它们真正的共同之处是每家每户都有自己精致的小花园。也许是因为地处寒冷的极地，夏季短暂，花草对挪威人来说显得十分宝贵。因此小花园是挪威民居不可缺少的一个部分。在卑尔根的山坡上，即使地方狭窄、无花园可建的人家也要在墙根和窗下栽上几株玫瑰，在门前摆上一盆花草。它们点缀着素白的木板屋，为它添加上温馨的情调。

小木屋没有固定的设计规则。每座都有自己的特色。它们真正的共同之处是每家每户都有自己精致的小花园。

世界各国的民居形式与该民族的历史和自然条件有着密切的关联。挪威在历史上相当长的时期内曾被迫与瑞典或者丹麦合并。这个国家的历史缺少了欧洲大部分国家所长期经历的封建社会。因此它的建筑风格中少有古希腊古罗马那样的纪念碑式的建筑，基本上一直以朴素的平民建筑为主。

在自然条件上挪威地处北极圈周围，气候严酷、土地贫瘠、海岸线曲折。在 20 世纪中期以前，挪威的经济以渔业为主，曾是欧洲最贫穷的国家之一。这一切决定了挪威的民居以实用和耐用为主要目的，就地取材、以木头为主要建筑材料。为了保暖，内部建筑面积较小，窗子也不大。屋顶多为尖顶，以减少冬季的积雪。在传统上挪威民居的屋顶通常用木瓦覆盖。为了防止木瓦的弯曲变形，在上面要压上草皮。夏季里草皮会在屋顶上开满小花。冬季里草皮枯萎，就成了不错的绝缘保暖的材料。

在颜色上木屋以白色为主。但为了打破极地冬季里漫漫长夜和冰天雪地给人的情绪带来的压抑，许多房子涂上红、黄、绿等鲜艳的色彩。一种介于大红与暗红之间的红色是挪威建筑常用的颜色。它点缀着碧蓝的峡湾和铁灰色的岩石，构成了经典的挪威风景画面。

20 世纪 60 年代以后，由于北海油田的开发生产，挪威在 30 多年的时间里从欧洲最穷的国家一跃成为了世界最富裕的国家之一。可贵的是，挪威人并没有因为“一夜暴富”而染上“暴

在颜色上木屋以白色为主。但为了打破冬季里冰天雪地给人的情绪带来的压抑，许多房子涂上红、黄、绿等鲜艳的色彩。

发户”的恶习。他们仍保持着简朴的传统。挪威的建筑也没有因巨大的石油财富而造成高楼大厦竞相雄起。朴实无华的草根风格依然是挪威建筑风格的主旋律。

20 世纪 60 年代时，卑尔根市政府曾经因新的城市规划而打算整体拆除老城区的部分老式的木板房民居，但遭到了市民们的反对。如今它与布里根一白一红、一个在山上一个在海边，遥相呼应装点着卑尔根这座美丽的小城，给予了它闪耀着平民之光的无尽风情。

你如果有机会去卑尔根，在参观了大名鼎鼎的布里根以后，不要忘了不远的地方另一片鲜为人知的老木屋群。

三千公里木骨拼图，德国民居一条路

最初对木骨民居感兴趣是因为一幅拼图游戏。那是一座黑白两色的大房子。粉刷得雪白的墙壁上黑色的木条格子横竖交叉拼出了既拙朴又奇妙的几何图案。在屋前姹紫嫣红的小花园的包围中对比鲜明，异国情调十足。每重拼一次这幅图画就让

德国的木骨民居比图画还要漂亮

木骨建筑一条路是世界上最大的传统民居建筑博物馆

我对木骨民居的兴趣增加一分。

来到德国著名的“木骨建筑一条路”，置身于那些形态各异的木骨民居之中的时候，深感它们真是要比图画上还要漂亮。

人类在新石器时期就已有了用木头建造的简陋民居。中国、日本的古代木建宫殿可以上溯几千年的历史。木头和灰石这类建筑材料在世界各地都能很容易地找到，用它们混合建造的木骨式建筑却成了西欧一带的特色。它们多分布在德国、法国、英国、丹麦和荷兰几个国家，其中以德国的西部和法国的阿尔萨斯地区最为集中。

1990 年，为了保护这种特殊的传统建筑，德国成立了“木骨建筑保护同盟”。从北起易北河、南到博登湖，长达三千公里纵贯德国西部的“木骨建筑一条路”上，有上百个大小城市和村镇加入了这一联盟。它们的木骨建筑各有各的特色，争奇斗艳，组成了独一无二的德国特色旅游黄金一条线。也可谓是世界上最大的传统民居建筑博物馆。

木骨式建筑又被称为“半木式建筑”，是用木头构成房屋的整体骨架，用其他建筑材料填充骨架之间的空间而成。填充物因房主的经济情况不同而各异，可以是砖石、黏土，甚至是碎石块。木骨式建筑的一个明显外观特点是它们的木头骨架显露在外，没有灰石的掩饰，因而看上去土、木截然分开，骨为主体，土墙为衬托。更为突出的是它们的木头骨架特意在颜色

木头骨架不仅是建筑的支撑和承重部分，还为房屋的外表增加了结构鲜明的几何形拼条图案装饰，形成了这类建筑独有的美学风格。

上与灰墙形成鲜明对比，从而显得更加醒目。这样一来，木头骨架不仅是建筑的支撑和承重部分，还为房屋的外表增加了结构鲜明的几何形拼条图案装饰，形成了这类建筑独有的美学风格。

在建筑的细节和装饰上，根据不同地区的文化习俗和宗教特点，欧洲木骨建筑的种类繁多、各具特色。仅仅德国的木骨建筑就可以分为北部、中部和南部不同的风格。在北部的平原地区，民居比较低矮宽大，主要的使用部分集中在底层。中央是厅堂，大门直接与外面相通。两侧为储藏室和杂物间。起居室在后部通向小花园。它们的木骨架比较稀疏，之间的空隙较大。

中部平原与丘陵混合地区的木骨式建筑的特色最为鲜明和漂亮。它们多为多层的高大建筑。木骨的结构和图案更加复杂醒目。楼房多以砖石为基座，上面用横梁隔出不同的楼层。每层在墙壁上用纵向的木条隔出窗子的空间。在排窗的四周墙壁上用“米”字、“木”字、对角线和“X”字木条来加固墙体，形成了不同的几何形状。最上面是又尖又陡的房顶。

“X”字是德国木骨建筑墙壁上最常见的形体之一。在基督教的早期，“X”字是十字架的另一种形式，也是圣安德鲁的代表。因此又被称为“圣安德鲁十字架”。在德国北部的木骨建筑上还常常可以见到扇形有放射状花纹的木刻装饰。尤其是在 16 世纪以后的木骨建筑上更为常见。它是贝壳的象征，

在排窗的四周墙壁上用“米”字、“木”字、对角线和“X”字木条来加固墙体，形成了不同的几何形状。

（右页图）老房子的梁柱因长期受潮，在外力的作用下发生了变形错位，使得房子在垂直和水平等不同方向上严重倾斜。

也代表了太阳的意思。

与英格兰木骨建筑通常为肃穆的黑白两色相对照的，是德国木骨建筑丰富的色彩。特别是在木骨建筑一条路沿途的村镇，也许部分是因为吸引游客。木骨式民居的颜色更加艳丽。墙壁多以红、黄、橙等暖色调为主，配上褐色、黑色的木格架。这些各具特色的房屋高高低低地排列在中世纪的小街两侧，或者围绕在小广场的周围，组成了一幅幅既古老又稚朴、既肃穆又活泼的美丽图画。

在一些气候较潮湿的地区，一些有四五百年历史的老房子

CHOCOLATIER FABRICANT
RUE DU GROS HORLOGE
RUE DE LA VICOMTE
les Larmes de

的梁柱因长期受潮，在外力的作用下发生了变形错位，使得房子在垂直和水平等不同方向上严重倾斜，门窗也变得歪歪斜斜，看上去摇摇欲倒的样子。尽管如此，这些危房仍在作为商店和民居而使用，因此更吸引了游人好奇和担心的目光。

位于德国木骨建筑一条路中部的塞尔市离汉诺威市北面 40 公里，是一个人口不到七万的小城。小城的近五百座各式各样的木骨民居漂亮非凡，令人目不暇接。漫步在塞尔的街道特别是中心小广场上，人们就像走进了一座木骨建筑的博物馆。那些一座挨一座颜色不同、高低错落、宽窄各异的木骨小楼紧紧地排列在一起，像在向人们争相展示自己的美丽。从它们的结

漫步在塞尔的街道上，人们就像走进了一座木骨建筑的博物馆。

构和外表上，人们还可以清楚地看到从 15 世纪到 17 世纪几百年间木骨建筑风格的变迁。在第二次世界大战期间，塞尔在苏联红军的轰炸中几乎没有受损，不能不说是一个奇迹。因此，这些精美绝伦的传统民居如今能保存下来，童话般地展现在世界各地前来观光的游客的面前。

位于德国中部的小城沃尼格罗德也有一个被木骨民居围起来的小广场。广场上最引人注目的是沃尼格罗德的市政厅。看上去与其说它是一座严肃的政府行政楼，不如说是一座像童话里的小仙女居住的精美的宫殿。红底黑格子由圣安德鲁十字架组成一条花边拦腰结在市政厅建筑的中央，托起弧形排列的窗子。两个哥特式高高的尖顶稚趣盎然，在市政厅四周围绕广场排列的木骨排屋上的木格架也都是小巧精美、古色古香。

与德国西部接壤的法国阿尔萨斯地区也是欧洲木骨建筑的传统代表。在地理位置上，可以说阿尔萨斯地区是“德国木骨建筑一条路”的西部分支。在历史上，阿尔萨斯地区曾经在法国和德国之间几经易手，可以说是既姓法又姓德，文化传统、风俗习惯相互混杂。在建筑风格上也是融会贯通。在阿尔萨斯的名城斯特拉斯堡的老城里，各种形式的木骨民居令人目不暇接。

在斯特拉斯堡观赏木骨式建筑，有两处最值得看的地方。一处是位于伊尔河分岔处的“小法兰西”木骨建筑群，另一处

与其说沃尼格罗德的市政厅是一座严肃的政府行政楼，不如说是一座像童话里的小仙女居住的精美的宫殿。

是位于著名的圣母大教堂广场上的卡梅泽尔楼。同是传统的木骨建筑，这两处却给予人们截然不同的感觉。前者秀丽优雅，后者沧桑肃穆。

斯特拉斯堡的“小法兰西”区位于大岛，伊尔河在这里分支成了数条小运河，穿过了一片木骨建筑群落。这些具有法兰西风格的木骨民居的色彩不太鲜艳，以黑色木架、白色墙壁为主。但在排窗下放置了一盆盆红色粉色的天竺菊。鲜艳的花草使得素色调的房屋变得明丽。它们的倩影倒影在绿色的水面上别具一番风情。这片丽水畔的木骨民居是斯特拉斯堡著名的地标之一。

来到斯特拉斯堡的圣母大教堂广场，迎面看到古老的卡梅泽尔楼的时候，会感到一种很大的视觉反差。卡梅泽尔楼是中世纪神圣罗马帝国的遗迹，始建于 1427 年，是斯特拉斯堡保存完好的最古老的木骨建筑。这座高大的中世纪古老建筑极为庄严地矗立在广场的一角，深得近乎黑色的棕褐色楼体在四周以白色灰色为主的建筑的衬托下显得触目惊心。多层大量繁缛精美的木雕窗不但没有给它增加些许柔美，反而更显出了中世纪的神秘。

刚刚离开小法兰西，对那些秀美的木骨民居的印象仍历历

斯特拉斯堡的〝小法兰西〞区以黑色木架白色墙壁为主。但鲜艳的花草使得素色调的房屋变得明丽。它们的倩影倒影在绿色的水面上别具一番风情。

在目，突然间出现在眼前的卡梅泽尔楼造成的视觉反差更加突出，不免有一种心灵上的震撼。这些下脚料一般、不起眼的木格木条，横七竖八地，竟然拼出了典雅秀美和温馨，也拼出了肃穆、神秘和肃杀。

卡梅泽尔楼是中世纪神圣罗马帝国的遗迹，始建于 1427 年，是斯特拉斯堡保存完好的最古老的木骨建筑。

哥本哈根心脏的飞地

美丽典雅的哥本哈根是北欧的时尚和艺术之都，也是世界上现代富裕和平等的社会标本。在这个欧洲最古老王国的首都里，保守、典雅、循规蹈矩在其社会生活中处处可见。然而在它的心脏，却存在着一个与这个传统城市格格不入的另类城中之城。这就是嬉皮士们四十年的乐土，“哥本哈根自由城”——克里斯蒂亚那。

在20世纪70年代初席卷西方世界的反战、反传统、反社会的嬉皮士运动中，一批反对资本主义的激进分子、思想自由的艺术家以及大麻的瘾君子们占领了哥本哈根市中心一座约占地38公顷、属于丹麦军方财产的废弃兵营。在这个当时没有水也没有电、场地荒芜由多座简陋的士兵宿舍楼和旧仓库构成的旧兵营中，这些“愤青”的先辈们扎下了营盘。他们竖起了自己标新立异的旗帜——一面红地上带有三个黄点的营旗，搭起了简陋的木头或茅草棚。他们在老营房破旧的砖墙上涂鸦上五颜六色的标语和另类图画，在这愤世嫉俗、奇形怪状和不伦不类的营盘中，嬉皮士们宣布：一座不受政府管辖的自由城诞

嬉皮士们四十年的乐土——哥本哈根自由城

生了。

当时谁能想得到，这样一个似乎心血来潮、与传统和现代社会都格格不入的另类之城竟能在哥本哈根传统市民的白眼中、在丹麦纳税人的抱怨声里、在市政府取缔的三令五申中和警方一次又一次的扫荡下，顽固不化地生存了下来，一晃已有四十年的历史了。

二十年前当我带着好奇第一次走进克里斯蒂亚那的时候，已经是上午九点多了，城中那些自由自在的居民们肯定没有早八晚五的奔波之忧，一座座砖灰剥落的老兵营建筑的四周静悄悄的，主人似乎还沉浸在晨梦之中，只有几只不知道是否有主的猫狗懒洋洋地在城中闲逛。陈旧灰暗、毫无建筑美感的旧兵营的墙上到处都是龙飞凤舞的涂鸦。常春藤和野浆果从掩盖了露着钢筋的建筑残基。砖楼之间拉起一道道绳子，晾晒着五颜六色的“万国旗”。慵懒自在的气氛弥漫在城中，一切似乎是在一个梦中。

当初“自由城”的奠基者们声称这里将是他们自由自在地进行艺术创作的世外桃源，是让他们的孩子不受传统社会生活方式束缚，在纯自然的环境里健康成长的乐园。于是各种各样的艺术家们发挥出他们无穷的想象力和创作激情，将自己的家园设计建造和装饰得标新立异、五花八门。它们中间有些显示

在由多座简陋的士兵宿舍楼和旧仓库构成的旧兵营中，这些“愤青”的先辈们扎下了营盘。

了主人独特的建筑设计天才和想象力，另一些则透出了愤世嫉俗和颓废不羁的简陋。

一座只露出尖顶的小木屋歪歪斜斜地插在河畔的茅草丛中，没门没窗。木板墙上只挖了一个五角星形的洞做出入之用；一个飞碟形的小房子肯定是来自一位想象力丰富的文学家的灵感；一座简陋的小屋低矮的房顶上长满茅草，似乎已遭遗弃多年，可窗子上却挂着雪白精致的镂花窗帘；甚至还有一间房子做成了一座白塔的形状，周围用乱石随意砌就的围墙上横七竖八地挂满经幡。

除了这些标新立异的“创作”外，“自由城”中那些陈旧的毫无特色的老营房、老仓库的墙上，也被涂上五颜六色夸张怪异的巨型墙画。这些五花八门的“民居”一律没有门牌号码，据说是因为“自由城”居民认为统一的编号会破坏他们形色各异的个性。但不知他们是如何为前来拜访的客人指示自己家地址的?

“自由城”里最大名鼎鼎的是普什街。因为它，进入自由城之前我学习了克里斯蒂亚那的《十戒》。其中最重要的，是不要在普什街上随便端起相机。

普什街是“自由城”尽头的一条不起眼的约百米的小街。在 20 世纪末以前，街的两侧曾经一个挨一个地排满简陋的棚子，棚子前散乱地放着粗糙的木头桌子板凳和折叠桌椅。棚子里醒目地摆着从世界各地贩运来的品种繁多的大麻之类的软毒

各种各样的艺术家们发挥出他们无穷的想象力和创作激情，将自己的家园设计建造和装饰得标新立异、五花八门。

品。像城里的肉铺里那样，每种毒品前都明码标价以便选购。买客中多数为不知从何而来的外地人，有些人是为了好奇寻求刺激，有些是真正为了过瘾。更有一些人买了大麻就迫不及待地歪在路边过起了瘾。搞得还没到普什街，空气中大麻燃烧的苦艾味就飘进了人们的鼻子里。

尽管“自由城”的居民反对可卡因、海洛因等硬毒品，却不反对吸食大麻。即使在现在，在“自由城”的一面墙上还有一个巨大的壁画：一只拳头有力地击碎了一个象征硬毒品的针管，而大麻叶却被优美地装饰在拳头的旁边。

21 世纪以来，由于哥本哈根市政府对使克里斯蒂亚那正常化的决心和各种相应措施，“自由城”中已悄悄地发生着许多

在“自由城”的一面墙上有一个巨大的壁画：一只拳头有力地击碎了一个象征硬毒品的针管，而大麻叶却被优美地装饰在拳头的旁边。

由于哥本哈根市政府对使克里斯蒂亚正常化的决心和各种相应措施，“自由城”中已悄悄地发生着许多变化。普什街的罪恶毒品交易终于成为了历史。

变化。普什街的罪恶毒品交易终于成为了历史。违章建造在自然保护区域的建筑已经拆除。满街乱逛的猫和狗也不见了踪影，一些肮脏的角落得到了清理。那些毫无装饰意义、纯粹的胡乱涂鸦被洗刷掉了，但是那种我行我素、放纵不羁的嬉皮士风格在这里仍处处可见。

哥本哈根市政府与“自由城”居民谁都不想放弃市中心的这块风水宝地。最近，克里斯蒂亚那的居民决定建立一个基金会，以便有朝一日从政府手里买下它们居住了四十年的飞地。然而这一大笔钱从何而来呢？

卢贝克，砖哥特古城

火车在德国北部的大平原上疾驶。我漫无目的地看着窗外，铁路沿线没完没了的绿色带来了视觉疲劳，让人昏昏欲睡。突然在平淡无奇的窗外景色中出现了一片不同寻常的影子，那是一片不大不小的城市，令我精神一振的是城市的轮廓上竟耸立着那么密集的尖顶。

我来不及在地图上确认此站的名称，就当机立断，抓起背包下了火车，向着那片尖顶走去。

比想象的还要令人振奋：迎面而来的竟是异国风情味儿十足的童话世界。

仅仅这个童话世界的大门就足以给人惊喜。那是两座圆柱形的红砖城堡挟持着一座三层楼高的墙体。两个圆柱上均醒目地盖着一个灰色的圆锥顶，光溜溜地让我想起童话中铁皮骑兵的尖帽子。一定是因为站得年头太久了，两个圆柱堡从两边向中央歪倚着，似乎在用力挤压着中间的砖墙。这种奇特的的形象使得整个城堡更像一幅童话书中的稚趣插图了。

被两个铁皮兵挤得缩成一条的砖墙上开了两排回廊样的窗

两座圆柱形的红砖城堡像一幅童话书中的稚趣插图

子，顶上还有两层高高的女儿墙。它的下部是一个半圆形的拱顶城门。从这座古堡式的城门向后望去，小城里面是一个又一个风格各异的带尖顶的古典建筑。若不是城门口的一块指示牌子上的介绍，真以为这里是一座德国的“迪士尼乐园”呢。

那块牌子上写道：“卢贝克，奠基于 1143 年。之后被大火焚毁。1159 年由撒克逊大公重建。1226 年卢贝克摆脱地方贵族及教会的控制成为欧洲早期平民自治的港口城市和商贸中心。1987 年联合国教科文组织将卢贝克城列入世界人类文化遗产名单”。原来这座“迪士尼乐园”竟是一座地地道道的千年古城。

得天独厚的地理条件使卢贝克一直是德国北部最重要的

港口之一。自1143年卢贝克奠基以来，由鲱鱼集市开始发展，来自德国南部和欧洲其他地方的商人从这里行船北上到达丹麦、瑞典和其他波罗的海国家。商贸交流的繁荣让卢贝克逐渐成为了波罗的海地区商贸的枢纽。在13世纪近百年的时间里，卢贝克是当时波罗的海沿岸最强大的中世纪商贸组织汉萨联盟的首府，被誉为“汉萨女王”。许多具有中世纪哥特风格的建筑在塔沃河畔建立起来。它们几乎清一色的是波罗的海风格的砖建筑。

用砖作为建筑材料在人类的发展史上有着相当悠久的历史。在人类文明的古老摇篮底格里斯河流域曾经出土过7000年前的泥砖。不久前在中国的西安发现了至少有3800年历史的人类最早的烧制砖。12世纪，砖建筑从意大利的西北部传到了德国的北部，并且逐渐发展出了具有本地风格的建筑形式。

德国的北部以及波罗的海沿岸地区的地势平坦。尤其是易北河下游平原缺乏欧洲建筑传统的石料。另外，这里的土层丰厚，为制砖提供了充足的原料。这成了这一地区的建筑绝大多数为砖材的重要原因。

中世纪末期，日耳曼人的影响向东扩展。在易北河南部的人口稠密地区的大量人口向东迁移。卢贝克在这期间成为了汉萨联盟的最重要城市。它的砖材建筑也是波罗的海地区建筑的经典代表。

在欧洲古代的建筑风格上，波罗的海地区最著名的是砖哥

卢贝克是汉萨联盟的最重要城市。它的砖材建筑是波罗的海地区建筑的经典代表。

在建筑的上部大都带有阶梯状或者三角形的山墙，用红砖、黑砖和白灰墙形成颜色的对比。

特风格。它的特点是外观质朴无华，少有欧洲中南部大理石建筑的常见雕像和浮雕装饰，只用红砖、黑砖和白灰墙形成颜色的对比。在建筑的上部大都带有阶梯状或者三角形的山墙。这种风格在卢贝克的老城居民区阿尔特斯塔区表现得十分明显。

卢贝克最初的居民主要是比较富裕的商人家庭。他们所建的住宅多为两三层的红砖楼房，面向大街排列。但因为建筑比较稀疏，街区之间的空间较大。为了利用起这些空间，人们在较高大的砖楼的背后又开辟了次级的小街区。这些小街区的房屋矮小简陋，街道狭窄曲折。在这种被称为“伯登”的小砖平房和被称为“冈格”的石子地小巷中居住的多为下层的工匠和打短工的劳动者。在卢贝克的阿尔特斯塔区据说有上百条“冈格”弯弯曲曲穿行在小平房之间。而最小的小砖屋仅占地十一二平方米。

在阿尔特斯塔的主街上行走，外人很难明显见到老旧砖楼之间冈格的入口，更难以想象在这些砖楼的背后还藏着大量的迷宫样的小巷、几米见方的小广场和爬满蔷薇的简陋小砖门。它们组成了一幅难得的中世纪平民生活区的图画，与人们熟悉的中世纪修道院和城堡、教堂形成了对照。

卢贝克作为汉萨联盟平民城市的代表，它的市政厅在城

在这些砖楼的背后藏着大量的迷宫样的小巷。它们组成了一幅难得的中世纪平民生活区的图画

卢贝克市政厅被誉为德国最古老、最华丽的市政厅。

市建筑上占有重要的地位。它始建于13世纪，是德国北部最具代表性的民用建筑。卢贝克的市政厅广场的环境一扫中世纪宗教建筑的神圣肃穆和沉重压抑的气氛，展现了卢贝克作为九百年的自由城和商贸中心的风貌及其平民意识。在广场四周的许多建筑都是当年的商号和储货仓库。而最独具一格的要属市政厅。首先令它与众不同的是，与小城其他砖砌建筑相比它的红色更加鲜明。据说这是因为当年为了能保持建筑的颜色持久，人们采用了公牛血、灰土和某些神秘的材料混合烧制的砖石。

市政厅的另一个独特的造型是其顶部用作装饰的红砖山墙。在块块山墙之间立有一排直指青天的尖顶圆柱。另外在山墙上还开了好几个直径数米的大圆洞，在建筑美学上独具一格。这些大圆洞的目的是为了在遇到大风时，风可以从洞中穿墙而过，从而减少了风对墙体的破坏力。卢贝克市政厅被誉为德国最古老、最华丽的市政厅。

在砖作为建材在波罗的海地区广泛应用以前，这里的建筑材料以木头为主。但木头在建造体积巨大、具有纪念碑性质的宏伟宫殿类建筑上有很大的局限。另外，由于这一地区缺少传统的石材，砖便担任了建筑大教堂、城堡、拱门和高大围墙的任务。这类被统称为“砖哥特式”的建筑成了汉萨联盟国家共同的建筑特征。而有着“七座钟楼之城”的卢贝克则拥有德国北部最美的砖哥特式宗教古迹。

圣玛丽大教堂历经近百年才建成。是欧洲北部哥特式砖砌建筑的典范之作。

千年的历史发展让罗马式、哥特式、巴洛克式、文艺复兴时期等不同的欧洲古典砖石建筑遍布卢贝克全城。

圣玛丽大教堂是卢贝克人的骄傲，矗立在老城的中心。它的拱顶高达 125 米，始建于 14 世纪，历经近百年才建成。虽然它的砖砌建筑与欧洲其他地方常见的大理石教堂相比显得不够华美，但却更有一种肃穆之感。这与它的哥特式建筑风格相呼应，中世纪之风呼之欲出，是欧洲北部哥特式砖砌建筑的典范之作。

在卢贝克老城里共建有六座大小教堂，多为十三四世纪所建。它们的灰绿色单塔或双塔尖顶刺破蓝天，暗红色的砖墙古老而不凡。上千年的历史发展让罗马式、哥特式、巴洛克式、文艺复兴时期等不同的欧洲古典砖石建筑遍布卢贝克全城。庄

第二次世界大战的联军轰炸让卢贝克几乎毁于一旦。法西斯纳粹投降以后卢贝克人用了七年的时间重建小城。

严的教堂修道院、华美的市政厅、风格独特的城门、欧洲最古老的平民医院和大大小小的博物馆，令人目不暇接。

然而与中世纪几百年的辉煌历史相比，卢贝克的近代历史却令人扼腕。1942年盟军开始反攻时，英国皇家空军却把卢贝克作为了对德国第一批的大轰炸对象。轰炸使得卢贝克大部分建筑遭到严重损坏。最著名的卢贝克大教堂、圣玛丽大教堂、圣彼得大教堂和市政厅也在瞬间变成了废墟。

战争的残酷无情让近千年的古城卢贝克几乎毁于一旦。法西斯纳粹投降以后德国经过了漫长的恢复和战后重建。卢贝克人用了七年的时间才将大轰炸的废墟清理完。直到1982年圣玛丽大教堂和卢贝克大教堂才重建完成，使卢贝克再现了它的中世纪原貌。

卢贝克典雅的尖顶上承受的是战争的不可承受之重，它那宁静的小巷里永远回荡着炸弹爆炸的轰鸣。我想起了在圣玛丽大教堂的地下室看到的两个埋在尘土里残破的大钟，恍然明白了它们的意义。这个以理智和严谨闻名的民族，因为曾经的疯狂把人类拖入了巨大的灾难，自己也落得体无完肤。

面对这一切，他们再次理智地思考、真诚地反思。他们没有建立起一座纪念碑去控诉敌军对自己悠久美丽的小城的毁灭性轰炸，也没有将这段历史作为苦难去博得世人的同情。他们只是默默地把被轰炸震落的两口有几百年历史的大钟原地收藏在重建的大教堂的地下室，让它们无言地向世人忏悔，给予年轻一代以永远的警示。

这就是卢贝克精神。它不愧为一座永远不会倒塌的千年古城。

两口埋在尘土里残破的大钟原地收藏在重建的圣玛丽大教堂的地下室

茅草屋，英伦三岛的呼唤

爱尔兰给我的第一印象是绿。那种抓一把树叶拧出来绿汁的感觉，湿漉漉的绿色。无论是在山石嶙峋的山区、陡峭平坦的海岸断崖边，或者是在少有人迹的乡间小路上和中世纪古迹的断壁残垣的四周，肆意生长或者精心平整的草总能掩盖住下

在这片土地上到处是郁郁葱葱，草掩盖住下面并不肥厚的土壤，让大地显得生机勃勃。

面并不肥厚的土壤，让大地显得生机勃勃。

驱车行驶在乡野的公路上，路两边常常是爬满野草藤蔓的草墙，这还不够，野草继续攻占了路边的所有电线杆子，把它们也都变成了一座座又细又尖的草塔。汽车就像行驶在一条被野草包围的壕沟里。这种草的奇观让我感到新奇，而另一种草的景观更吸引了我的注意力。

旷野上，经常会见到一两座茅草小屋。极为简陋的灰墙，朴素到极致的外观，但它的厚厚的茅草屋顶却彻底打破了它平淡无华的外貌，给予了它们独具的魅力，让任何人都不可能对它视而不见。它们就是爱尔兰传统文化的宝贵财产——茅草顶民居。

据说早在新石器时期，英伦三岛就已有人类所建的茅草顶的小石屋了。从中世纪到 19 世纪末，茅草屋是爱尔兰乡村农舍的最主要建筑形式。这是与当地的地理和气候条件有密切关系的。

爱尔兰是一个岛国，地上多石少土、森林缺乏、气候湿冷，虽然有着悠久的历史，但一直是欧洲最贫穷的国家之一。普通农民垒造的简陋民居的墙都是用当地容易找到的材料建造的，或者是地里挖出来的碎石头，或者是把玉米棒子或者麦草铡碎混上泥土搞成的草泥。它们共同的特点是不坚固、难以承受屋顶的重量。因此一般旧式建筑常用的石板片瓦的屋顶材料都不适合做屋顶。而茅草重量轻，又是农民们很容

旷野上经常会见到一两座茅草小屋。极为简陋的灰墙，朴素到极致的外观，厚厚的茅草屋顶

易得到的材料，因此茅草屋顶自然就成了建屋的首选。

在爱尔兰和英伦三岛其他地区作为建筑材料的茅草种类因地区而有所不同。在气候比较干燥的地区，麦秸和旱芦苇是最常用的材料。据说有一种专门长在贫瘠的土壤中的长杆麦子，它的麦秆可以长达近两米，是最佳的屋顶用草。在海边和潮湿的地区，水生芦苇是最常用的材料。麦草和芦苇被收割以后，根据需要保留或清理掉花穗和枝叶，打成捆备用。

铺茅屋顶是一项十分独特的传统建筑技术。在爱尔兰常常是一代代相传的手艺。由于工艺复杂，工程时间长，修造一个高质量的茅草屋顶既费时又费力。在爱尔兰，一方面由于茅草屋的建筑形式长期衰落，年轻人对这种费时费力的手工技术不感兴趣，工匠有后继无人的危险；另一方面又因为合格的专业工匠有限而形成了“供不应求”的局面。那些有茅草屋顶的人家在需要修缮或新建茅草屋时往往得提前到本地的工匠那里去预定时间、排队等候。

有意思的是在英语里，专门从事铺造茅草屋顶的工匠叫“撒切尔”，与英国前首相撒切尔夫人的姓是一个词。

一次，我走进一个乡村的小酒吧里。看到好几个男人围在一起，对着墙上的一张纸议论着什么。老板说那是本地“撒切尔”的工期安排表，上面写着他们目前在哪家干活，何日结束、何日开始下一家等信息。小店的老板自然是“撒切尔”的消息发布人，向需要的雇主们报告他们的行踪。

一个男人像是急等修房顶，老板给他出主意说：“明天工匠在马克威尔家干活。你直接去那里找他，说点好听的，看他能不能给你插个队。”

其他人听了都摇头。造屋顶可是个细活儿，“撒切尔”需要集中精力全力以赴。没有谁愿意东一榔头西一棒子地干活。

根据所用的材料不同，一个茅草屋顶的寿命是40～50年，但在这期间需要每10年左右更换一次茅草。尤其是屋脊上最要经风吹雨打的部分更是需要更换。因此铺草顶又分为铺新顶和补旧顶两类。

在需要铺新草的屋顶上用木檩条搭出格子样的木顶架，第一层茅草就用金属的箍子固定在木架上面。第二和第三层茅草

铺茅屋顶是一项十分独特的传统建筑技术。在爱尔兰常常是一代代相传的手艺。

分别用柳条拦住，压在下层的草捆上。每层草捆从下方的屋檐开始铺起，由下至上一排压一排地铺，同时用特制的木铲不断拍打调整草捆的根部，使它们错开形成斜坡状，以便构成整个屋顶的平整的总体坡面。屋脊是整个屋顶的关键部位，需要用木条做成冠状结构箍起来，然后再加铺一层草捆。

屋脊是“撒切尔”们最精心制作的部分。常言说一个铺好的屋顶的屋脊就是一个“撒切尔”的签名。他要在这里留下自己独有的印记，也张扬出对自己手艺的自豪。为此，每个工匠都要精雕细刻，在屋脊上搞出些独出心裁的玩意儿来。他们或者用切草刀削出具有浮雕感的草雕图案，或者用茅草编结成各种各样的小物件扎在屋脊上。公鸡、小鸟、猪、狗、羊，或者花冠、玉米、水果和十字架。这些栩栩如生、情趣盎然的作品不仅把茅草屋顶变成了一件别具匠心的艺术品，而且根据爱尔兰的传说，它们还可以起到避邪的作用。在巫婆经过这里时会被这些奇妙的小东西所吸引，就不会去别处乱施魔法了。因此它们又被称为“巫婆的玩具”。

一座已经历经多年的风吹雨打、茅草开始衰败零落的旧茅屋和一座刚刚铺建完毕、崭新的茅草屋会给人以截然不同的感觉。前者在阴雨中就像一个风烛残年的老人，本来金黄色的茅草霉变成了黑色、残破不全，显示出岁月的沧桑和凄凉。而后

一个铺好的屋顶的屋脊就是一个“撒切尔”的签名。

厚的麦秸根密密匝匝。屋脊上的草雕和草编更给它增添了生机和情趣。

者在阳光下就像一个朝气蓬勃的青年，有形有款、打扮光鲜。厚厚的麦秸根密密匝匝、结结实实，一副百病不侵的样子。屋脊上的草雕和草编更给它增添了生机和情趣。看到它的人无不惊叹这普普通通的茅屋竟也能有如此的艺术魅力。

现在在爱尔兰，厌倦了大城市的高楼大厦和车水马龙的现代人又发现了传统茅草屋的魅力和价值。它们纯天然的材料、冬暖夏凉的保温特性、拙朴自然的外观和独特的民间艺术造型都正是希望返朴归真的现代人所追求的。茅草屋尤其受到了这个岛国来旅行的游客的青睐。

麦克唐纳太太是我落宿的一家茅草屋“B&B”家庭旅馆的

女主人。她的家在附近的一座城市里。几年前她买下了这间海边的旧式茅草屋改建成家庭旅馆，在旅游季节来这里几个月连度假带经营。这样的家庭旅馆的爱尔兰民间风情十足，温馨亲切的气氛是在一般的酒店旅馆里感受不到的。

入夜，外面一片漆黑。海浪拍岸的声音就在窗子外边一阵阵轰鸣。麦克唐纳太太在客厅里烧起了壁炉。火光映在雪白的镂花窗帘上，也在墙上古朴的饰物和蓝花瓷盘上闪动。客厅里静静的，电视在那里，没人想去开。这样的光景里只能读书。在壁炉前捧起书本，恍惚之间仿佛进入了电影《简·爱》里的场景。

茅草屋是爱尔兰传统文化的宝贵财产

老胡同，深藏在里昂的腹地

从里昂的火车站转乘地铁来到老城，没出地铁门就转身搭乘了去福维埃山的登山缆车。几分钟以后，里昂城已经在脚下了。我站在山顶的瞭望台上，与精美华丽的福维埃圣母大教堂尖顶上的金色圣母一起俯瞰着这座古老的城市。有着古罗马风格的贵族式宫殿和广场被包围在密密麻麻的红顶旧式建筑群中间。各家各户楼顶上极具里昂特色的窄细的方烟囱高高低低，如同林立的天线，勾画出这座城市的天际线。许多人说，站在福维埃山上俯瞰里昂，会觉得眼前的景色与站在蒙马特俯瞰巴

有着古罗马风格的贵族式宫殿和广场被包围在密密麻麻的红顶旧式建筑群中间。各家各户楼顶上极具里昂特色的窄细的方烟囱高高低低，如同林立的天线，勾画出这座城市的天际线。

黎十分相似，一样的古老，一样的宏伟，一样的繁华稠密。

不过我对这座城市最感兴趣的是它与巴黎不同的地方——老式平民住宅“塔布勒”。

“塔布勒”在拉丁语中是过道的意思，多指那些露天或者从楼房的底层穿堂而过的通道。在里昂，塔布勒的历史久远。早在古罗马时期里昂老城就有这种建筑形式。当时古城里昂的居民建筑都是平行于河的走势一层层依山势而建的，之间很少有垂直于河畔的街道。为了方便居住在山坡上的人们抄近路下到萨翁河边取水，于是在房屋群里修建了一些可以直接穿过的走廊。

它们有些是在两座楼间的一条夹缝，有些是一座带有窄小天井的私人庭院，另一些则看上去是一座老楼的楼梯。大部分塔布勒是半封闭式的，带有拱顶，除了前后有出口外完全是建筑的一部分，因此显得十分隐秘。外来的人很难在密密麻麻的楼群中找到它们。而对于里昂的老居民来说，不识得塔布勒的人绝对不能算是真正的里昂人。

塔布勒堪称“里昂的老胡同”。与北京的胡同相比，它们同样是穿行在老城民居之间的小街。不同的是北京的胡同串接起来的是一座座四合院，而在里昂，这些“老胡同”则穿行在老楼群里。而且它们更窄、在走向上更无规则，有一些还是像隧道那样的不见天日的穿堂门洞。因此，里昂的“老胡同”显得更隐蔽，更像迷宫。

沿着福维埃山前的之字形下山小路和石阶，费了半个多小时才下到山脚的老城区。顿时发现自己陷入了一片由古老的教

山脚的老城区是一片由古老的教堂和狭窄的街道组成的迷宫

堂和狭窄的街道组成的迷宫里。

像欧洲所有的老城一样，里昂老城里的小街十分狭窄，夹在两侧的老楼群里显得更加拥挤。那些著名的“塔布勒”们就隐藏在楼群里。不定哪个小门的后面就会有一条通到另一个街区的小胡同。“塔布勒”的出入口多有门，但门大多不显眼。有的古色古香，但许多看上去像平常的人家，一点也看不出它背后隐藏的秘密。

在一块写着圣让街 27 号的门牌前我犹豫着是不是该伸手去按门铃。导游图上说这里是一条挺有名的“塔布勒”，可供游人参观。

这是一个很普通的人家的大门，它紧闭着，看上去没有什么表示欢迎的意思。万一冒冒失失地敲错了门，打扰了居民还不挨骂？正踌躇着，突然小门自己打开了。从里面说说笑笑走出来一拨游客。原来他们是从另一个出口走过来的观光客。于是我放心地逆着他们走了进去。

这是一条黑糊糊的穿堂过道，只能一个人走过。墙上昏暗的路灯让人想起了在电影里看到的地道。沿着它走了一段眼前一亮，来到了一个小天井。它四周被四五层高的老楼紧紧围起，狭小得令人窒息。在天井的一侧有一座非常破旧的带廊旋转石

著名的"塔布勒"们隐藏在楼群里。不定哪个小门的后面就会有一条通到另一个街区的小胡同。"塔布勒"的出入口多有门，但门大多不显眼。有的古色古香，但许多看上去像平常的人家，一点也看不出它背后隐藏的秘密。

东一处西一处的"塔布勒"能向人展示许多惊喜。不定在哪个拐角就会碰到一处古罗马大理石雕刻的华丽楼梯。

楼梯，大理石的柱廊已经被岁月磨蚀得没了形。墙上的小小指示牌说，这是一座古罗马时代留下的老建筑。小心翼翼地登上旋转石梯走出三层上的一个小门，已经来到了更高的一层楼群中了。不知道在里昂老城拥挤的建筑群里四处隐藏着多少这样的古迹。怪不得里昂老城被列入了联合国人类文化遗产的名录。

走出这条"塔布勒"已经来到了另一条小街上。这里有许多露天咖啡座和小饭馆，游人熙熙攘攘。其中有不少东瞧西看"探宝"的人。在附近的另一条"塔布勒"里我看到了著名的"粉塔"。这是一座五六层楼高的古罗马碉堡式的建筑，以通体粉红色而出名，是老城的一个地标式的建筑。

在这片老城里，东一处西一处的“塔布勒”能向人展示许多惊喜。不定在哪个拐角就会碰到一处古罗马大理石雕刻的华丽楼梯，或者一座文艺复兴时期留下来的喷泉池。一个人在这老城迷宫里转来转去，常常搞得晕头转向又回到了原处。不过倒也满足了猎奇探险的好奇心理。

圣让街 54 号是里昂最著名的“塔布勒”。它穿过四组楼群和四个小天井，是里昂最长的老胡同。在每天上下班的高峰时段，这条老城的“交通要道”也常常会发生堵塞。当然堵的不是车辆而是行人。

“交易广场”附近的街道两侧的建筑都十分有特色。它们正面的山墙顶上有各种形态花纹不同的装饰，既繁缛又华丽，有典型的法兰西风格。而在另一个名叫“海豚广场”的地方，四周的建筑多为意大利文艺复兴时期的风格。法国国王弗朗索瓦一世娶意大利贵族之女美蒂西斯的凯瑟琳娜为王后。她从意

老城的〞海豚广场〞留下了不少法兰西文艺复兴风格的古迹建筑。

劳工坡上，在密密麻麻的楼房之间的是又窄又暗的石板路小巷——“塔布勒”，东一段西一节的石阶梯将它们连接起来，绕来绕去地向山上更高的楼区走去。

大利带来了大批的精工巧匠，从此开创了法兰西文艺复兴的建筑风格。里昂老城的“海豚广场”留下了不少具有当时风格的古迹建筑。

里昂老城的“塔布勒”代表的是这座城市文艺复兴前后的贵族建筑风格。而在萨翁河的对岸的克瓦胡斯山坡上还有着更大的“塔布勒”群。它们代表的是 18、19 世纪里昂典型的平民建筑。

如果说巴黎是法兰西文化的窗口的话，里昂就是法国现代工业发展的门户。它曾经是欧洲的丝绸之都。19 世纪初，里昂老城区北边的克瓦胡斯山脚下曾云集了一万多个家庭式丝织业作坊和几万名被称为“卡努特”的纺织工匠。因此克瓦胡斯山也随之被里昂人称为“劳工坡”。

劳工坡上，在密密麻麻的楼房之间的是又窄又暗的石板路小巷——“塔布勒”，东一段西一节的石阶梯将它们连接起来，绕来绕去地向山上更高的楼区走去。在克瓦胡斯地区，比较近代的“塔布勒”专门是为了方便“卡努特”们的劳动和生活需要而建的。它们一方面让人们能够从一个楼区到另一个楼区，并可以抄近路穿过楼群下山；另一方面，这些大部分都带有房顶的小巷保证了“卡努特”们在雨天搬运原料和布匹的方便。

在劳工坡最著名的“塔布勒”是“格尔伯广场九号”。它是一个三面被楼房围起的不大的天井，而正对着的一面是一座有六层高、呈“之”字形上升的半露天水泥楼梯。它除了形状有些独特外并不太美。但置身于这简陋寂静的小天井里，它显赫得如同一座威严的纪念碑。它是有名的“沃拉斯天井”，19 世纪“卡努特”起义的诞生地。

当年“卡努特”起义的最初起因竟是由于工人们不满老板削减给他们的葡萄酒配给量。他们的抗议集会逐渐发展成了与政府和国王的对抗。由于沃拉斯天井的位置和它具有三个出口的特殊布局，可以让对抗国王的禁止聚众集会命令的“卡努特”们能方便地逃脱警察的追捕。因此这里成了当年起义工人的最重要的聚会地点。

当年的劳工坡上曾经有两万多户纺织作坊，四万多名工人。从一座座楼房高大的窗子里传出的织布机的咔哒咔哒的声音夜以继日响个不停，“塔布勒”中装卸原料和成品的工人穿梭不断。

如今人们只能在寂静之中想象这一切。在空无一人的楼区小天井里想象当年的邻里街坊在这里聊天聚会，妇女们传播着各家各户的家长里短；在迷宫般的小巷里，想象当年“卡努特”的孩子们在帮助父母劳作了一天后在此捉迷藏游戏的欢笑声；在令人晕头转向的胡同群中，想象着在第二次世界大战期间，法国抵抗组织游击队怎样在这里与法西斯德国占领军周旋。

漫步在劳工坡上的旧楼群里，我看到了另一个法国，一个下层平民的世界。巴黎式的高贵典雅与这里无关。这是一个被人们遗忘的角落。

在劳工坡最著名的“塔布勒”是“格尔伯广场九号”。它是一个三面被楼房围起的不大的天井。而正对着的一面是一座有六层高、呈“之”字形上升的半露天水泥楼梯。

蒙桑托，石头堆里的村庄

我在蒙桑托村里这个只有三张桌子的露天小咖啡座上坐了下来，下意识地抬头看了一眼头顶上不到三米的地方的那块巨石。它看上去足有几十吨重，泰山压顶一样悬在那里，不由得让人胆战心惊。一个穿着白色围裙的姑娘端着咖啡从门里走出来笑着对我们说："不用担心，它至少已经在那儿待了几千年了。"

如果不是这些巨石，蒙桑托只是一个普普通通的小山村。它位于葡萄牙的东部，埃什特雷拉山脉的东南，离西班牙边境不过百十公里。蒙桑托村坐落在海拔 800 米的桑克图斯山上，脚下是开阔的塞拉达埃斯特拉平原。桑克图斯山的山顶和山坡上全是光秃秃的大圆石，可以说它就是一个高高的石头堆。蒙桑托村就建在了这个石头堆里。整个村子也是一个看不到一点土的石头世界。

在地中海地区，用石头建筑的山村并不少见。却没有哪一个像蒙桑托村这样直接把石头当做邻居的。我在村子里转悠的时候，脑子里忽然想起了"愚公移山"的故事：老愚公因为山

露天小咖啡座头顶上不到三米的地方的那块巨石泰山压顶一样悬在那里，不由让人胆战心惊。

石挡路而子子孙孙挖山不止，誓言搬掉眼前的拦路石。蒙桑托人却正好相反。他们不但不想移走村里各处的巨石，反而把它们一个个请进了自己的家里，让它们成了各家住宅的一部分。

有的巨石被当做房基，有的被当做了天然墙壁。有几块悬空的大石头被用来当做房顶的一部分。有一块竖立着的巨石从一户人家的房子中央赫然探出了大头，主人就干脆把屋顶做成了围裙的形状把巨石围了起来。我歇脚的小咖啡馆全部藏在一块巨石的下面，连房顶都免了。不过它那要被千钧巨石压扁的样子实在让人捏一把汗。

因为蒙桑托村的所有房子都是在石头堆里见缝插针，所以在高低、朝向和左右间隔上都没有任何规则。小石屋们随山势起伏，围着大石头安置。穿行在村子里的小巷子自然蜿蜒上下，没有明确的走向。有时候从两块巨石的缝里穿过去，有时候在圆滚滚的巨石面上凿出几个浅坑作为台阶。据说在十几年前村子里的路还都是坑坑洼洼、高低不平的乱石坡，只是在最近几年才逐步修成了平整的石子路。

早在 1938 年蒙桑托村就被评选为“葡萄牙最有代表性的村庄”。如果从外表上看，外人不太容易明白它凭什么获得了这个荣誉，因为很少有葡萄牙的村庄像蒙桑托这样是挤在石头缝里的。但是走进村子仔细看，村子里安静的石子小巷、方方正正的红顶小石屋、带着鲜明色彩的窗户框都有着浓重的葡萄牙色彩。特别是有不少的建筑和门洞上装饰着典型的 16 世纪晚期葡萄牙哥特式的繁琐石雕花饰，让人想到了里斯本著名的贝伦塔。最重要的，是因为自然地理条件的限制，蒙桑托村的面貌几百年都没有也无法改变过。它的风格丝毫没有受到现代社会发展的影响，从而保持了葡萄牙的“原汁原味”。

在一座小石屋的门口，一位身穿着传统的黑色衣裙的老太

有的巨石被当做房基，有的被当做了天然墙壁。有几块悬空的大石头被用来当做房顶的一部分。

蒙桑托村被评选为“葡萄牙最有代表性的村庄”。它的风格丝毫没有受到现代社会发展的影响，从而保持了葡萄牙的“原汁原味”。

太守着一个卖布偶的小摊儿。小凳子上摆着十来个手工扎制的小布人。她们的衣裙挺漂亮的，但脸上都没有五官。老太太说她们是“法拉玛”。在当地的风俗里，人们会把法拉玛娃娃放在新婚夫妇的床上。这样可以保佑他们多子多福。

老太太的门前不到三米的地方就是一块三四米高的大石头。这块“迎头石”与她相伴了一辈子，是低头不见抬头见的邻居。从巨石下摆着的一溜种满花草的花盆看，老太太肯定没有对这个“邻居”动过“愚公”的念头。

站在石头村里俯瞰脚下开阔的平原，我试图搞明白当初人们为什么把家安在了石头堆里。实际上蒙桑托并不是一个孤立存在的村庄。它与山顶上的古城堡有着相互依存的关系。

根据考古发现，这片地区早在新石器时期就已经有人类居住。古卢西塔尼亚人、古罗马人和阿拉伯帝国都在此留下了自己的印记。1165 年葡萄牙的第一位国王阿方索一世从摩尔人手里夺取了蒙桑托，然后把它赐封给修道士。他们在山顶上修建了一座要塞。蒙桑托村曾经是要塞的一部分。

从村子里沿一条崎岖的山路爬上背后的桑克图斯山顶。在裸露的巨圆石堆里看到了 2000 多年前的古罗马时期留下的教堂遗迹。虽然它已是断壁残垣，但仍看得出当年石匠们一丝不苟的手艺：拱门严丝合缝、壁砖见棱见角、窗饰精美、石柱挺拔。在离小教堂不远的地方是 800 多年前修建的要塞遗址。高

在一座小石屋的门口，一位身穿着传统的黑色衣裙的老太太守着一个卖布偶的小摊儿。小凳子上摆着十来个手工扎制的小布人。

1165 年葡萄牙的第一位国王阿方索一世从摩尔人手里夺取了蒙桑托，然后把它赐封给修道士。他们在山顶上修建了一座要塞。蒙桑托村曾经是要塞的一部分。

大结实的城墙随着山势起伏，穿行在巨石之间。许多地方巨石本身就是城墙的一部分。在散落的大石头中间有好几个约两米长的石头槽子，因为积满了雨水很像是牲口饮水的石槽。但随行的葡萄牙朋友告诉我这些石槽是古代战死的骑士的石棺。只有最勇敢的战士才有资格葬在这些石棺里。

每年的 5 月 3 日蒙桑托村都要举行传统的圣十字节的庆祝活动。村民们抬着圣像穿过村子里的小巷，走到山顶上的古城堡遗址。妇女们把法拉玛布偶和装满鲜花的陶罐从古堡的围墙上扔下去以纪念祖先。

愚公子子孙孙挖山不止的执著终于感动了上苍，最后借神仙之手搬走了挡在家门口的大山。而蒙桑托村人的祖先表现出来的是与执著正好相反的灵活。他们没有给子孙后代留下搬石和挖山的重任。他们只是把挡在路上的巨石巧妙地整合在自己的家里。最后，连神仙都不用麻烦了。

每年的 5 月 3 日蒙桑托村都要举行传统的圣十字节的庆祝活动。

站在桑克图斯山顶俯瞰在巨石堆里出没的蒙桑托村舍的红顶

废墟村，艺术之宅

五十岁出头的路易莎一袭红衣，柔和的法语中带着明显的意大利口音。她用优雅的手势向我介绍着自己培育的花草，举手投足就像站在欧洲上流社会的沙龙里。然而，在她的身后却是一片断壁残垣和乱石垒起的小屋。这里是她一年中居住八九个月的家——布萨那废墟艺术村。

布萨那艺术村的前身是布萨那老村，它位于意大利北部的利古里亚省、阿尔卑斯山余脉与地中海相遇的地方。从山下望去，布萨那老村与这一带常见的中世纪留下来的古老山村没什么两样。它们都是各自占住一个山头，以一座小教堂为中心，四周依山势的起伏簇拥着村民们红顶石墙的小屋。它们冷寂、沧桑，有一种与山下的花花大千世界相隔绝的古风。不过，如果定睛看，路人便会发现眼前山上的这个村庄的不同：虽然它的村舍高高低低的石墙仍在，却难见那上面的红顶。而且，在许多房屋的窗子上本来应该挂着窗帘的地方，透出的却是背后的蓝天。

原来，曾有着一千多年历史的布萨那老村是一片地震废

布萨那老村与这一带常见的中世纪留下来的古老山村没什么两样。不同的是虽然它的村舍高高低低的石墙仍在，却难见那上面的红顶。而且，在许多房屋的窗子上本来应该挂着窗帘的地方，透出的却是背后的蓝天。

墟，已经被它的村民们遗弃了近一个半世纪了。

1887 年的 2 月 23 日的清晨六点刚过，一场波及了整个利古里亚地区的大地震发生了。顷刻之间村子里处处房倒屋塌。地震过后，布萨那村满目疮痍，到处都是摇摇欲坠的断墙和屋顶。

1894 年的耶稣受难日是布萨那村的千年历史上最悲壮的一天。它被正式从意大利利古里亚的行政区中除名了。全体村民在地震的废墟上向先人告别，然后扶老携幼，在肃穆的《主的荣耀》的圣歌声中放弃了祖祖辈辈的家园，走下了山。从此，布萨那老村成了废墟，断壁残垣任风吹雨打、杂草丛生。

又是半个多世纪过去，老一辈的人陆续离去。1959 年，当一个叫克里西亚的画家走进这片废墟的时候，山顶上被野草掩盖的老村子已经被人们遗忘了。

克里西亚在无意之中发现了孤立在山头、被杂草掩埋的废墟村。四周一片寂静，静得似乎听得见阳光洒落在杂草上的沙沙声。克里西亚并不了解这处废墟的历史，也不知道它为什么变成了万户萧簌的鬼村。在这位画家的眼里，东倒西歪的断墙、没有屋顶的残屋是最不同寻常的作画题材；静得令人毛骨悚然的废墟任他发挥出无尽的艺术想象。他在这里找到了一种可以称做悲情浪漫的情调。一个大胆的想法由此产生了：在这个与世隔绝、没有任何人打扰的废墟中建一个画室，任艺术的精灵在这里自由地飞翔。

克里西亚把自己的想法告诉了在圣雷莫结交的画家朋友万尼，马上得到了他的响应。万尼又找来了自己的朋友、诗人吉

东倒西歪的断墙、没有屋顶的残屋、静得令人毛骨悚然的废墟，这里有一种可以称做悲苦浪漫的情调。

欧瓦尼。于是三位艺术家在废墟里找了一处相对完好的民居安顿了下来。被遗弃了半个多世纪的布萨那老村从此有了人气。

很快，三位艺术家在布萨那废墟安营扎寨的消息在当地的艺术圈里不胫而走。于是又有几个搞艺术的人来到这个无人管辖、各取所需的地方来尝试一种独特的波西米亚生活方式。其中有的人是为了追求一份浪漫情调；有人是为了享受自由自在的环境；有人是凭着对另类生活的好奇；还有一些人则是寻找一点清静。

路易莎也是在初期来到艺术村安家的人之一。她看中的是这里的安静。路易莎是一位作家。写作之余她喜欢一个人静静地听音乐。李斯特的钢琴曲是她的最爱。当她对我讲起她们这些废墟艺术村的元老们当初在这里创业的情景时，我真的很难想象这些拿画笔和琴弓、痴迷在至美至圣的浪漫中的艺术家们，是怎样整天踯躅在瓦砾堆上、徘徊在断墙破屋间，一点点地清理出自己的落脚之地的。

他们堵上墙上的破洞，搭起挡雨的屋顶，驱走出没的虫蛇，然后蜗居在陋室里，开始自己的艺术创作。尤其是那些蜡烛照明的夜晚，寥寥几个艺术家在只有月光的废墟里，既无光线可写诗作画，又无电源可听音乐看电视。五步之外烛光不及的地方全是绰绰鬼影般的断壁残垣。他们是如何度过这些创作之外的时光的呢？

路易莎笑了笑说：“的确，那是一段浪漫得让人恐怖的日

蜡烛照明的夜晚，寥寥几个艺术家在只有月光的废墟里，五步之外烛光不及的地方全是绰绰鬼影般的断壁残垣。

子。夜晚的黑暗让人毛骨悚然。而白天也并不舒服。缺乏最基本的生活设施，自来水、电和污水处理设施都没有。幸好我们在村头找到了一口压水井。那里也理所应当地成了大家聚会和交流的地方。”这个水井也是村子里除了碎砖破瓦外唯一的共享资源。

尽管简陋至极、条件十分艰苦。但对于许多迷恋艺术的人来说，这里有许多让他们着迷的东西。废墟村独一无二的神秘浪漫情调和自由自在的无政府状态，让越来越多的艺术家们从欧洲各地慕名而来，有意大利、德国、法国、英国、荷兰、奥地利和塞尔维亚的画家、雕塑家、陶艺家、作家、诗人、音乐家、演员、设计师甚至珠宝匠。所有来此安家的人都没有必要征得他人的同意，就可以在废墟中给自己找一块地方安身。他们搭一间小屋，或者在村里的两个“公共创作室兼画廊”里展览自己的作品。而这废墟画廊不过是两处比较宽敞、同样少顶缺墙的残屋而已。

应该说，这些以自我意识极强著称的艺术家们居然能够齐心协力在废墟上共建家园实在是个奇迹。那时候，在这里生活什么都缺，他们之间常常是你今天给我一个面包，我明天给你一包盐。当然这些不拘小节的人之间吵架甚至打斗也是常事。

村头的水井边一直是人们天天见面，在一起聊天儿的地方。来自各国的艺术家们用法语和英语交流。有时候往往聊着聊着就变成了脸红脖子粗的争吵。大家操着各自的母语吵成一团。那时除了各自专心创作以外，他们常常登上村子最高处的房顶，默默地看着不远处蓝色的地中海，或者在烟雾缭绕的小咖啡馆没完没了地谈艺术争论文学。

在路易莎精心建立的一间废墟艺术村历史展室里，我看到了几张当时拍下的黑白照片。那些年轻的和不太年轻的艺术家们身着可以被称做“睡衣”的便装，或者光着膀子，歪歪斜斜地站在断壁残墙前面，显得很是“没形”，但他们的自在无羁却活生生跃然于纸上。

废墟画廊不过是两处比较宽敞、同样少顶缺墙的残屋而已。

在村子里四处漫步时，我很能理解艺术家们从伦敦、巴黎和其他条件优越的大城市画室来到这座废墟村安家的选择。想象一下那些见惯了灯红酒绿、嘈杂喧闹的大都市的人来到这里时的情景：中世纪村落本来就有的肃穆与简朴，再加上断壁残垣的凄美沧桑，让人如同走入了一座隔世的梦幻之中。从坑坑洼洼的小巷旁边几级不方不正的石阶，到用参差不齐的石块砌成的拱廊；无论是在断墙上开出的小门，还是在残壁上留出的小窗，路边一盏孤灯、门前一盆野花，处处可见残缺之美。让人怦然心动的生活小情调从震撼人心的死亡大悲情中呼之欲出，艺术创作的火花在每一块断壁残垣后若隐若现。这些不正是艺术家们寻觅的灵感之源吗？

中世纪村落本来就有的肃穆与简朴，再加上断壁残垣的凄美沧桑，让人如同走入了一座隔世的梦幻之中。

不论是在断墙上开出的小门，还是在残壁上留出的小窗，路边一盏孤灯、门前一盆野花，处处可见残缺之美。

路易莎设计的是一座废墟上的〞沙漠之花花园〞。

在一片各显其能的创作热情中，路易莎有了个修建一座“废墟花园”的主意。她要造一座在其他任何地方都见不到的最独特的花园。意大利的庭园艺术有着非常悠久的历史。几乎在这个国家的所有地方都可以见到古罗马时期留下的花园。那些已经被岁月磨蚀得模糊不清的雕塑，和被风雨雕刻得失去棱角的廊柱和喷泉池，在盛开的鲜花中闪耀着古老典雅的文化艺术魅力，是意大利对世界文化的重要贡献之一。作为意大利的女儿，路易莎设计的是一座废墟上的“沙漠之花花园”。

在她的引导下，我穿过长满青苔的小径，登上用碎砖垒起的只够一个人侧身而过的石阶，又跨过一座跨越狭窄的小街的天桥，每个台阶边，每一处拐角，目光可及的地方都摆着栽种

在花园的最高处露台上，村子小教堂的钟楼正在眼前，在明亮的阳光和远处深蓝色的大海的衬托下，它褪尽了废墟的蒙尘，尽显古巴洛克的典雅。

在土陶器里的奇花异草。它们与断壁残垣交相呼应。我在草木成荫的废墟中转来转去，不知道是怎样登上了花园的最高处露台的。地中海炽烈的阳光一下子无遮无挡地洒落了下来。眼前又是另一番景色。村子小教堂的钟楼正在眼前，在明亮的阳光和远处深蓝色的大海的衬托下，它褪尽了废墟的蒙尘，尽显古巴洛克的典雅。露台上的盆盆罐罐里摆满了我从来都没有见过的仙人掌类的花草。每一种都让人称奇。这是路易莎在 20 多年里从世界各地搜集来的珍稀品种。为了照管它们，她还特意聘用了一位园艺师。

对于路易莎这样为了寻找宁静而来的废墟村老住户，旅游者是一种烦扰，对另一些为了寻找商机的人，他们却是福音。在村子里四处转悠的时候，我清楚地感到了这一点。一位趿拉着一红一绿两只拖鞋和穿着沾满油彩的工作服的画家，在我举起照相机的时候他毫不客气地砰的一声关上门，以表示不满；一位笑容可掬的画廊老板，在我探头探脑地犹豫时热情地开门，请我进来参观；住户的孩子们吵吵嚷嚷在小胡同里骑自行车；骑着摩托车的时髦青年在街道上急驶而过。布萨那老村，除了那些被全体居民精心保护的断壁残垣、破屋漏室和仍被杂草掩埋的较僻静的角落外，它的居民现在已是各色人等，浓厚的艺术气氛中也不可避免地被渗透了金钱的气味。

实际上，游人的烦扰和商业的侵入并不是最令人头疼的

住户的孩子们吵吵嚷嚷在小胡同里骑自行车，废墟村的居民现在已是各色人等。

事，真正让布萨那废墟村的全体住户烦恼，可以让他们同仇敌忾的是另一个对这个正在复兴的废墟村开始感兴趣的“人”——意大利政府。

20 世纪 70 年代，废墟艺术村的名声越来越大，再也不是几个艺术家的临时创作之地了。随着意大利经济的发展和地中海沿岸旅游业的开发，这一带的地价和不动产的价格飞速增长。布萨那老村的地理位置使它变成了一块极有价值的地方。

当地政府对废墟艺术村的住户下达了驱逐令。然而当执行法令的警察来到这里的时候，发现面对的是站在路障之后的全体村民和他们请来的各国媒体记者。为了避免冲突，警察只好放弃了驱逐行动。从那时起，废墟村的村民们便开始了拯救自己的村庄的各种努力。

废墟艺术村的住户为使自己居住合法化的抗争是一场持续了 20 年的马拉松。20 多年的抗争，无休止的上诉，村民内部永远无法统一的意见和没完没了的讨论让人们烦不胜烦，精力和金钱的消耗也让人筋疲力竭。于是，感到前途无望的老住户卖掉了自己的创作室和画廊一走了之。抱着拖下去总能找到解决办法希望的新人接手了这些房子，开始了新的事业。而那些以艺术为重的人干脆对现实不闻不问，重新埋头去搞创作了。

当我问路易莎她对何去何从有什么打算时，她叹了一口气说：“其实我已经好几次萌生了离开这里的念头了。这里已经被络绎不绝的游人和打着艺术的旗号的商业经营搞得面目全非

夕阳正在把老教堂残存的钟楼塔尖染红。断壁残垣也都披上了一层温馨的暖色。村头的空地上一位年轻的父亲在带着几个小孩子玩耍。

了。可是我真的舍不得这里在旅游旺季之外还尚有的宁静，舍不得自己一点点建起的废墟花园，还有那两只每天都要来我的小屋上方盘旋的山鹰。”

离开布萨那废墟村的时候，夕阳正在把老教堂残存的钟楼塔尖染红。断壁残垣也都披上了一层温馨的暖色。村头的空地上随便摆设着几件塑料小滑梯和儿童娱乐器械。一位年轻的父亲在带着几个小孩子玩耍。这些在废墟村生长的孩子，他们的前途会是怎样的呢？

干石屋特鲁洛，碎石垒就的金字塔

靠山吃山，靠水吃水。在人类传统民居的建造上这是一个普遍的规律。纵观世界各地五花八门、各显神通的民居，哪一种都与当地的自然地理条件息息相关。意大利的阿尔贝罗贝洛的干石小屋“特鲁洛”也绝对是这片石灰岩高地的地理产物。

阿普利亚是意大利南部的一个大区。阿尔贝罗贝洛就位于

在地中海沿岸和爱尔兰等地的乡村田野上经常可以见到用干石垒就的矮墙作为田块之间的分界

阿尔贝罗贝洛的干石小屋“特鲁洛”是石灰岩高地的地理产物。

这个大区的伊提亚山谷里。那是一片典型的喀斯特地貌区。地表的土壤随着雨水都渗进了石灰岩地层的缝隙下，随着水一起流跑了。因此地面上缺水少土。薄薄的地表土层下是被水销蚀的支离破碎的石头。多少年来，当地人既找不到大量的树木建木屋，又没有足够的泥土垒土房。当地唯独不缺的石头却很难开采出整块的条石。只有俯首可拾的大大小小不成形的碎石可以被利用起来盖房子。于是干石屋和干石墙就成了当地特有的民居建筑形式了。

所谓“干石”建筑，就是把大小不一、形状不规整的碎石块叠落和垒起来，不使用灰浆黏合和填充石缝，完全靠不同形状的石块之间的镶嵌和咬合形成稳定的结构。因此“干石”建筑的关键技术是找好不规整的石块与石块之间各面的相对位置，把它们从下至上一层层地摆稳、摆结实。

在地中海沿岸和爱尔兰等地的乡村田野上经常可以见到这种用干石垒就的矮墙作为田块之间的分界。这些已经有几百上千年历史的残破石墙上爬满青苔，或者完全被荒草掩埋，显得神秘而沧桑。

去阿尔贝罗贝洛之前，曾在法国南方的乡村见到过这种用乱石堆起来的奇怪的小屋。它们孤零零地趴在空旷的田野上，完全是被废弃的样子，甚至没有能激起我的好奇心。到了阿尔贝罗贝洛，才知道干石屋竟是人类传统民居建筑的经典。

干石屋一般没有地基。人们只是把地表的浅土层挖开，在石基上直接建屋。显而易见，为了保证这种用碎石干垒的房屋的稳定和结实，人们必须把墙垒得很厚。房子不能造得太大，也无法建多层。一般的特鲁洛为圆柱形，直径不超过三米。很多屋墙被建成“夹心墙”，内外两层用较大较整的石块，中间填充较碎的石块。

屋墙垒到约两米高以后，开始造一个尖锥形的屋顶。这个屋顶也是用干石一层层地向着圆心垒成金字塔样的阶梯状，每层石头逐渐向圆心汇拢。屋顶的基石较大。越往上的石头越小也越轻。最后，在尖锥顶端放上一块关键石，由它把围出屋顶的石块们紧紧地团结在一起，相互依赖又相互支撑，形成最终的稳定结构。

墙垒得很厚。很多屋墙被建成"夹心墙"，内外两层用较大较整的石块，中间填充较碎的石块。

屋顶也是用干石一层层地向着圆心垒成金字塔样的阶梯状，每层石头逐渐向圆心汇拢。

一般来说在一个特鲁洛的尖顶下只有一间屋子。如果家庭人口多需要更多的房间的话，需要紧挨着一面建好的干石墙在旁边再另建一间特鲁洛。两间石屋共用一面石墙，在上面开出一个通道来。因此，阿尔贝罗贝洛的特鲁洛多为3～5个一组相依在一起。

在特鲁洛的内部，用石头垒起的炉灶是最重要的设施。它的烟道被修在厚石墙的里面。在特鲁洛的室内可以见到一种特殊的凹室。它们被造在厚石墙上，面积或大或小。大的可以放进一张小床，挂上布帘当做孩子的卧室；小的被当做壁橱或者神龛。

"据说住在特鲁洛里冬暖夏凉？"我问一个当地的导游。

"夏天住在里面很凉快是真的。但是冬天可一点儿也不暖和。"他耸耸肩，老老实实地回答道。

"因为石墙太厚，很难加热。相反室内的人的活动和做饭产生的热气遇冷凝结的湿气不易散发，在取暖条件不好时，室

在特鲁洛的室内有一种特殊的凹室。它们被造在厚石墙上。可以当做孩子的卧室，或者被当做壁橱神龛。

内又湿又冷。所以在过去居民们在冬季不得不打开屋门让外面相对暖和的空气进来，或者干脆尽量在室外阳光下活动。”

关于这种造型奇特的干石屋的起源在当地有各种各样的传说。其中最普遍的一种说法是，在 16 世纪当地的不动产需要交很高的税，而尚未完工的房屋则不需要交税。因此交不起税的贫苦农民就造了这种石屋。每当有税务官来查税时，房主只要撤掉顶端的关键石，屋顶就会塌落，变成了尚未完工的样子。而事后不用太费劲就可以新造一个屋顶。

19 世纪特鲁洛小石屋在阿尔贝罗贝洛地区十分流行。但后来随着社会的发展，现代化的建材和技术越来越多，交通运输也越来越方便，但人工却越来越贵。因此需要花大量的时间把几百上千块碎石一块块地垒起来的干石建筑就衰落了。到了 20 世纪的中期，很多特鲁洛都成了废墟。

20 世纪末，当地的一位很有经营头脑的石匠古多尔花了不多的钱买下了十来间破旧的特鲁洛，把它们进行修补改造，装备上简单的家具和厨房，以比城里的旅馆更便宜的价格作为简易旅馆出租，收到了不错的经济效益。

古多尔的做法得到了当地人的效仿。特鲁洛因此找到了复兴的机会。现在，在几十年前石匠古多尔开拓他的干石屋旅店的蒙提区，新建和修复的特鲁洛已经有上千座。加上阿尔贝罗贝洛市中心的数百座干石小屋，阿尔贝罗贝洛的特鲁洛已经有了相当的规模。

近年来一些富有的英国人和德国人借着意大利货币贬值的机会来这里投资房地产，买下了不少特鲁洛改建成私人度假别墅。1996 年，阿尔贝罗贝洛的特鲁洛群被列入了联合国人类文

近年来特鲁洛复兴，阿尔贝罗贝洛的特鲁洛已经有相当的规模。

化遗产名录。这让阿尔贝罗贝洛的名声大震，很快变成了意大利南方的旅游胜地。

除了来自欧洲和美国的游人以外，日本游客也特别青睐阿尔贝罗贝洛。“据说你们日本人最喜欢到阿尔贝罗贝洛来度蜜月？”一个分不清中国人和日本人的当地导游问我：“对你们来说这里有什么特别吗？”

我赶紧声明自己不是日本人。不过，我估计可能是那些金字塔形的干石屋顶上巨大的被箭头穿过的心形图案吸引了日本的情人们：“那不是爱情的象征吗？”

“哦，那是《心碎的圣母》，也可以说是爱情的象征。”他

金字塔形的干石屋顶上巨大的被箭头穿过的心形图案

阿尔贝罗贝洛是意大利南方的旅游胜地（摄影：Cingal）

告诉我，“不过那是对基督之爱。”

不管对基督教一知半解的东方人为了什么到阿尔贝罗贝洛来，无论他们寻找的爱情属于哪一种，干石屋特鲁洛都不会让他们失望。它们粉刷得洁白的外墙，奇特的灰色金字塔形屋顶、屋顶上神秘的宗教符号，在一片片长满橄榄树和柠檬树的山坡上，显得异国风情十足。这不正是旅游者的相机捕捉的绝好素材吗？

大篷车，流浪者的宫殿

在英国北部的坎布里亚郡有一个叫阿普勒比的小镇子，人口不到三千人。这里一年里的日子平平淡淡、默默无闻，但在每年的六月初，像什么东西爆发了一样，小镇的生活变得热闹非常。成千上万的吉普赛人和五花八门的流浪者们从英伦三岛赶着马、驾着大篷车汇聚在镇子边上的埃顿河边的一片坡地上

吉普赛人从英伦三岛的四面八方赶着马、驾着大篷车汇聚在镇子边上的埃顿河边的一片坡地上安营扎寨。参加英国最大的骡马集市——阿普勒比大集。

安营扎寨。数万名凑热闹的游人也闻声从英国和世界各地蜂拥而来，参加英国最大的骡马集市——阿普勒比大集。

阿普勒比大集也是英国最古老的骡马集市。1685 年英王詹姆士二世发布了一条法规，允许在埃顿河边举行一年一度的集市进行马匹交易，从此开创了这个远近闻名的骡马集市的传统。它在每年的六月的第二个星期四开始，历时整一周时间。这是一个无组织者的自发集市。大部分的参与者是在英国各地流浪的吉普赛人。他们在马匹交易的同时也借机聚亲会友，举行各种吉普赛传统活动。因此阿普勒比大集也是一个无组织无名号的吉普赛人的节日。

在初夏明艳艳的阳光下，埃顿河畔的坡地上绿草茵茵，到处是露营的人。河边上聚集着一群群健壮的吉普赛高头大马。镇子周围的小公路上不时有拖着架子车的马匹跑过。这是马的主人在炫耀自己的马匹。

大集最热闹的地方是埃顿河边。那里聚满了看热闹的人。大家三三两两地坐在草地上观看吉普赛年轻人在河里洗马。这本来是为了把马洗干净以便有更好的卖相。但这些青年男女驭马人在观众面前不断地炫耀自己的马技，在河里做出各种各样的惊险动作来，惊起人们一阵阵的欢呼声。

马，是吉普赛人的终身朋友。这些流浪者是有名的养马和驭马好手。据说吉普赛人的祖先 1000 多年前来自印度北部。他们由不同的家族组成，流浪在世界各地。特别是在东欧和英

青年男女驭马人在观众面前不断地炫耀自己的马技，在河里做出各种各样的惊险动作来，惊起人们一阵阵的欢呼声。（摄影：Philwlison）

国、法国和西班牙等地。吉普赛人在16世纪初进入英国。据粗略统计在英国目前有30多万吉普赛人和非吉普赛流浪者。最初他们驾马车在四处流浪，靠一路打短工为生。夜晚他们睡在帐篷里或者车檐下。马是他们生活里相依为伴的家庭成员。可以说离开了马就没有可能有吉普赛的流浪生活。然而包括吉普赛人自己，几乎所有的人都认为吉普赛人有另一个更好的象征，那就是吉普赛大篷车。

赶着装饰得花花绿绿的大篷车在田野上自由自在地流浪的情景经过几百年的文学艺术的描绘已经成为了吉普赛人的经典形象。其实，以"住宅"为目的的大篷车并不是吉普赛人的发明。他们在19世纪中期以前都是以帐篷为居宿的。吉普赛人把大篷车引进自己的生活也不过150年的历史。

最早的大篷车出现在1810年的法国。后来这种可以住人的马车首先被在英国各地巡回演出的马戏班子采用。也有一些流动在乡间的小商贩用大篷车来装载自己的货物。1850 年以后吉普赛人开始使用大篷车。很快这种形式的马车就成为了他们流浪生活里的理想住宅形式。吉普赛人用他们的罗曼尼语把大篷车叫做“瓦尔多”。

在英国大篷车的 200 年历史上前后出现过五六种形式不同的大篷车，分别以它们的制造地、车的主人或者外观特点来命名。最古老的大篷车是布尔登型。它的结构简单、抗震性能较差，因此只能在条件比较好的路上行走，多被马戏班采用。这种形式的大篷车也没有什么装饰。最普通的吉普赛大篷车是布拉士型。它的特点是四个车轮通过轮架被安装在车厢的外侧。篷车车厢为方形。在后部有一个可以向上拉起的小

赶着装饰得花花绿绿的大篷车在田野上自由自在地流浪的情景经过几百年的文学艺术的描绘已经成为了吉普赛人的经典形象

圆筒状的拱顶大篷车是吉普赛大篷车的经典形式

门和供上下的小梯子。在车厢外侧，四周安装着一些铁架子，以便悬挂随车携带的工具和货物。布拉士型的大篷车多被漆成很鲜艳的颜色。

吉普赛人并不自己制造大篷车。他们的车都是从一些专门的木匠那里买来的。造一辆大篷车需要六个月到一年的时间。在英国的历史上出现过不少造大篷车的能工巧匠。其中最有名的是住在里德斯的威廉·怀特。他的手艺在吉普赛人种享有很高的盛誉。怀特最擅长的是一种圆筒状的拱顶大篷车。这种形式的马车后来成了吉普赛大篷车的经典形式，被当时和后来的许多木匠所模仿。

吉普赛人虽然自己不造大篷车，但他们是木雕装饰的高手。他们把这手艺发扬光大在自己的大篷车上。以设计精美、装饰华丽而闻名的瑞丁型大篷车就像是一座吉普赛艺术的小型展示台。

对于吉普赛人来说，一辆大篷车装饰的华丽程度代表着一个吉普赛家庭的富裕程度。因此他们尽其所能，把自己的车厢里里外外都装饰得大红大绿，十分花哨，在粗犷艳俗中不失精美。在车厢上他们漆绘或者雕刻出各种动物和花草。吉普赛人最喜爱马、狮子、鸟、各种符号和花枝萝蔓等图案，很多还要刷上金箔。在车厢内部所用的靠垫、门帘、家具罩等绸缎刺绣也是五彩缤纷。因此一辆装饰好的吉普赛大篷车就像是一个马

一辆装饰好的吉普赛大篷车就像是一个马拉的金碧辉煌的小宫殿

一辆大篷车装饰的华丽程度代表着一个吉普赛家庭的富裕程度。

拉的金碧辉煌的小宫殿。在英国约克堡博物馆里，目前陈列着一辆瑞丁型的古老大篷车。其精美华丽的程度完全可以与皇家马车相媲美，被大篷车爱好者们誉为“车轮上的第八大奇迹”。

在车厢的内部，人们充分利用有限的空间，安置着大床、壁柜和暗室，用布帘隔开睡觉的地方。最重要的用具是一个大生铁炉子，供日常煮饭和取暖用，有烟囱通到窗外。室内的所有木头家具和门窗也都雕刻得非常漂亮。在吉普赛人的风俗里，下身是不洁之处，因此过去吉普赛女人在河里洗衣的时候都要把内衣裤拿到下游去分开洗。他们也从来不在大篷车里洗澡。所以吉普赛大篷车里都不设置厕所和卫生间。

大篷车是传统吉普赛人一生的家。他们许多人就出生在大

在英国约克堡博物馆里陈列的一辆瑞丁型的古老大篷车精美华丽的程度完全可以与皇家马车相媲美

大篷车从流浪者们的家变成了古玩爱好者们的收藏品

篷车里，因为没有固定的地址而无法取得合法的出生证明。吉普赛新婚夫妇要做的第一件事就是去置办一辆大篷车。吉普赛人驾着自己的家日行二三十公里，四处流浪。一辆大篷车可以用上十年左右。然后送到木匠那里去翻修。大篷车的主人去世时，他的“家”按吉普赛的风俗也会被烧掉。据说不烧掉大篷车，它去世的主人就不会离开。

19 世纪末和 20 世纪初是英国吉普赛人引以为自豪的大篷车黄金时代。当时有数百辆大篷车在英国的乡间流浪。但是随着机动车的使用、电影和电视等娱乐形式的普及、季节短工需求的减少和一代老手工艺人的去世，大篷车在近代逐渐衰落了。大量的吉普赛人放弃了传统的流浪生活方式。目前在英国仍在乘大篷车流浪的吉普赛人只占他们总人数的百分之一左右。大篷车从流浪者们的家变成了古玩爱好者们的收藏品。

值得庆幸的是，在阿普勒比的大集上，人们仍可以看到不少来自各地的各种形式的大篷车。其中一部分是真正的流浪者生活中的唯一的家，另一些则是传统工艺爱好者们的成果和追求自由自在的闲暇生活的人的临时露营工具。这些引人注目的花花绿绿的大篷车像吉普赛的骏马一样吸引了人们羡慕和欣赏的目光，也让车的主人们暗中较着劲儿。

一辆暗红色的大篷车的车主抚摸着他的车窗上精致的木雕花纹，就像抚摸着一匹爱马，脸上掩饰不住着得意：“我这辆车啊，跟着我快十年了。年年来阿普勒比赶集。这里的人都认识我们。”

夏莱，阿尔卑斯山的回声

汽车在阿尔卑斯山的大山里盘旋。自从离开贯穿瑞士瓦莱州罗讷大山谷的高速公路，拐上这条盘山公路后，汽车已经上上下下地拐了不知多少“之”字形，向着这条小山谷的纵深驶去。以马特宏峰为首的几座阿尔卑斯山著名的雪峰在山谷的尽头巍峨耸立，像一群白头巨人遥遥在望。这是我第四次走进这条阿维尼山谷了。只因三年前滑雪途中一次偶然的逗留，我“发

藏在大山深处的古老小山村格里门茨

现”了藏在这大山深处的古老小山村格里门茨。

“夏莱”是法语“Chalet”的中文音译。尽管在现代语言中Chalet 已泛指那些具有别墅性质的度假屋，但究其原意则指的是几百年前在阿尔卑斯深山中山民们用来栖身或劳作的临时简陋木屋。在过去时代，散居于阿尔卑斯大山深处的山民由于恶劣的自然条件和除了人脚踩出的羊肠小道外别无他路的交通条件，基本上过着的是与世隔绝的封闭式生活。

每年夏季当高山上的冰雪消融、牧草丰盛的季节，牧人就要把自己的牛羊赶到高山牧场上去放牧。由于山路崎岖艰险，高山牧场又往往远离山村，因此牧人要与他的牛羊一起在高山上度过整整一个夏季。直到深秋降临牧草干枯，才会赶上牛羊下山回村过冬。为了在长达数月独自与牛羊为伍的日子里有挡风避雨的栖身之处，牧人就地取材在山上用石块和木头搭起仅供栖身的小屋，这就是原始的夏莱。

可想而知，孤独无助、人力和建筑材料的不足、临时凑合栖身的目的决定了这种夏莱极为简陋，称其为窝棚也不足为过。另外，当奶牛每天在山上吃饱喝足后奶水旺盛，又需要牧人一番劳作，挤下鲜奶后必须及时烧煮制作奶酪以便保存。

阿尔卑斯山民制作奶酪的传统方法一直是在柴火堆上架起大锅煮奶。一个又一个夏季的烟熏火燎让本来就采光条件极差的夏莱里变得更是黑糊糊一片了。入秋后牧人与牛羊下山，夏莱就被遗弃在了山上，孤零零地任风吹雪埋，直到来年夏天牧人与牛羊重新上山。由此可见，这阿尔卑斯山的夏莱老祖宗低矮丑陋、被大雪压得歪歪斜斜，被烟熏火燎得看不出木头的原色。

在阿尔卑斯山村里的村舍夏莱的结构要复杂得多，建造得也比较讲究。村舍毕竟是全家人长期居住的地方，家庭和个人财产的存放之处，甚至是一代代人相传的遗产，要考虑的因素就要多得多了。当然这种讲究还是基本以实用为主，山民们根据自己的生活需要来决定夏莱的建筑风格和结构。

格里门茨村有着阿尔卑斯山活的夏莱博物馆之称。村子坐落在海拔 1500 多米的深山中。现在全村百十户人家的居民中

阿尔卑斯山民制作奶酪的传统方法是在柴火堆上架起大锅煮奶

（右页图）阿尔卑斯山的夏莱老祖宗低矮丑陋、被大雪压得歪歪斜斜，被烟熏火烤得看不出木头的原色。

所有老夏莱的窗台上、木楼梯边和阳台上都吊满摆满红色和粉色的天竺葵，一蓬蓬一束束显得生机盎然，让老屋们焕发了青春的色彩。

有相当一部分住的是有百年以上历史的老夏莱。其中年头最久远的已经历了400多年的风雨了。

沿村子中老街窄窄的石子路一路看去，一座座老夏莱民居参差不齐地排列在老街两侧。它们多为石头基座，上面是两三层木质结构。由于年代久远，木头已经变得黑红黑红的，有点像浸过沥青的枕木，老旧但不颓破，沧桑但不败落。尤其引人注目的是所有老夏莱的窗台上、木楼梯边和阳台上都吊满摆满红色和粉色的天竺葵，一蓬蓬、一束束显得生机盎然，让老屋们焕发了青春的光彩。

在过去的年代里，大山中冬季人畜的取暖是一个大问题。为了在大雪封山的季节保证在有限的条件下让人畜都不挨冻，农舍都采取人畜共宿在一个屋檐下的办法。夏莱的最低层作为牲口棚，中层为主人一家的起居室，最上层储存牲畜过冬的草料和柴火，它们盖在屋顶是再好不过的保温材料。夏莱还都有着探出房体建筑之外的长长的屋檐，保护着中层居室四周宽大的阳台。而这些阳台是夏秋季晾晒为牲畜过冬储存的干草的地方。

在一座座两三层的民居夏莱之间，时时会见到一些孤立的，比较矮小也比较破旧的小木屋。它们无论是选材还是建造都不甚讲究，形式也很简陋。一般只有一个矮小的木门，没有窗。它们共同的特点是房基都不是起自地面，而是用矮矮的木桩支撑起木屋。四角的木桩与屋体之间全都夹着一块直径远大于木桩的扁石片，好像要把木屋与木桩绝缘开来。这类夏莱一般是作为储藏粮草之用的。为了防止鼠类对粮草的噬食破坏，人们将夏莱用木桩架空于地面，而与地面相接的木桩顶部那片又大又滑的石片就像给木桩盖了顶大帽子，成了从地面上爬上来的鼠类的一个难以逾越的障碍，从而有效地阻止了鼠类对粮

为了防止鼠类对粮草的噬食破坏，夏莱被用木桩架空于地面，与地面相接的木桩顶部那片又大又滑的石片就像给木桩盖了顶大帽子，成了从地面上爬上来的鼠类的一个难以逾越的障碍。

草的噬食。

这些更接近夏莱原型的小木屋的外面除了见缝插针地摆上几盆天竺葵外，主人并无意将它们整新得更符合现代人的审美观一些。更不因“有碍观瞻”而将它们拆除。因此这些老掉牙的小屋子就这样不起眼地散落在村子里，倒也有着别具一格的魅力。

村公所所在的夏莱恐怕是全村最老的夏莱了。1480 年这个村的村民决定修建自己的村公所。目前保存完好并继续使用的这座三层建筑是在 1550 年建成时的原始部分。几百年来在这村公所里一代代的格里门茨人留下了抹不去的印记。

像阿尔卑斯山区大部分山村一样，储藏着经年美酒的酒窖是每个村子和各户村民的骄傲。格里门茨村百十户人家就有六十多个小酒窖，向来访的客人展示自己的酒窖和藏酒是主人

老掉牙土得掉渣的小屋子不起眼地散落在村子里，有着别具一格的魅力。

四周墙上高处悬挂着的一排排银色的锡质酒壶发出幽幽的闪光，与黑红的木头大酒桶相呼应，显得神秘莫测。

的骄傲和最大乐趣。

在村公所里，潮湿昏暗的地窖四周排放着十来个长两三米、直径近一人高的木头大酒桶，它们已经被几百年的美酒浸润得黑红黑红的。其中一个放在最醒目的位置的大桶上刻着“1886”的字样。字迹是古体的，已经被磨损得不大清晰了。桶里装的是格里门茨人的荣誉和骄傲——珍藏了一百多年的葡萄冰酒。这是用上冻后采摘的葡萄酿制的特殊美酒。它口味独特，是葡萄酒品种中的珍品。格里门茨村在1886年酿制的这桶冰酒十分宝贵，只有在教区的主教来访和一些极为重大的场合才能品尝，因此被尊称为“主教酒”。

昏黄的灯光下，只见四周墙上悬挂着的一排排银色的锡质酒壶发出幽幽的闪光，与黑红的木头大酒桶相呼应，显得神秘莫测。这些锡质酒壶是从 19 世纪初起所有村民委员会的成员在加入该委员会时的留念。每个酒壶上都刻有主人的姓名。不言而喻，其中大部分的主人都早已不在人世了。但酒壶代表着主人，世世代代与格里门茨的子孙后代同在。

当然，如今来格里门茨村做客的人再不会像几十年前那样与牲口和干草共同拥挤在一个屋檐下了。低矮的小木屋变成了高大敞亮的木制别墅，原来潮湿昏暗，拥挤着牲口的底层被改造成了宽敞的停放私家车的车库。原来晾晒粮草的阳台成了人们进行日光浴，享受山区新鲜空气的露台。一幢幢现代化的夏莱在阿尔卑斯山区建造了起来。

新式夏莱并没有令其丧失大山的自然本色。在这些新式夏

现代化的夏莱

新型夏莱就像返老还童的村姑，有了与时俱进的浪漫妩媚。

莱的内部，虽然其现代化舒适方便的程度不亚于大城市里的现代民居，但最具特色的仍是那些简而又简，无任何现代装饰雕琢，甚至连油漆都不上的纯原木的木桌木椅木凳木床，那手织粗布的窗帘和台布，那略显粗糙沉重的百叶窗。从外部看，新式夏莱虽然比传统夏莱高大了许多，但仍保持着传统夏莱的风格，全木的结构、宽大的屋檐、环绕房屋的阳台、古朴的门窗，窗台阳台上摆满了鲜花。

新型夏莱就像返老还童的村姑，有了与时俱进的浪漫妩媚。

从地中海到撒哈拉沙漠

Chapter 2

地中海山村，村堡的秘密
萨那土楼，也门的曼哈顿
沙弗朔恩，蓝色的梦
西非民居，泥土与生命的联想
杰内，泥巴的杰作
卡塞纳斯泥屋，布吉纳法索的大彩陶
格尔法，诞生于撒哈拉焦土

地中海山村，村堡的秘密

奈尔维亚山谷位于意大利北部利古里亚大区，靠近法国边境。这里是阿尔卑斯山南端与地中海相遇的地方，海拔平均七八百米，地势不很险峻。一条又一条的山谷从地中海沿岸开始，向着深山伸延而去，奈尔维亚就是其中的一条。一条小公路沿山谷一路往上走，曲折蜿蜒，时而爬上山顶，时而滑进谷底。满山坡的栗子树郁郁葱葱。湛蓝色的地中海在树林间隙时隐时现。每隔几公里，就可以见到一个小山村，给我带来一个个的惊喜。

它们是地道的意大利山村，朴实无华，不是打扮了给游客观赏的，而是几百年一成不变地作为意大利山民栖身的家。在深绿色的大山的怀抱里，这些就像被现代世界遗忘的中世纪小山村引起了我的极大兴趣。它们有的占据一个山头，几十座石头房子重重叠叠聚成一座气势雄壮的石头村堡；有的只有几户人家，静悄悄地隐藏在一座山崖的背后。无论村子大小、形态如何，它们都保持着相同的姿态：自卫御敌。

在中世纪，意大利北部地中海沿岸的村落经常会遭到南下的日耳曼野蛮部族、北上的萨丁海盗和阿拉伯摩尔人一波又一

在深绿色的大山的怀抱里，这些就像被现代世界遗忘的中世纪小山村占据一个山头，几十座石头房子重重叠叠聚成一座气势雄壮的石头村堡

波的骚扰，长期处于惊恐不安之中。躲避战乱和海盗的袭击成了这一带村民经常要面对的问题。山头为人们提供了最好的栖身之处。特别是在地势险要的悬崖峭壁上，不仅难攻易守，还是很好的观察哨所。因此这些避祸的山村往往都建在可以方便观察山谷的山头，有的扼守入谷口、有的藏身在巨崖的背后、有的盘踞在险关峭壁上。从海上来的敌人进山时一般不容易看到山谷深处隐藏的山村，但位于山头的村民却可以不动声色地观察来犯的敌人。

陡峭的山坡和遍地的石头限制了村落的格局。为了在极为有限的面积上修建更多的房屋，这些山村完全是见缝插针。房子杂乱无章地挤在一起，显然没有任何的格局规划。它们或者沿山坡在不同的水平面上围成环形，或者上下错落地挤在一块

当年法国印象派大师莫奈在地中海沿岸采风时曾经路过多拉赛卡村，立刻被这座古老的石桥和边上的古堡所吸引，在他的画作上留下了它们的倩影。

（右页图）村堡是一座阴暗的迷宫。左拐右拐弯弯曲曲的小巷有时窄得只能侧身而过。

巨石上，或者拉成一溜儿排在山脊上面。无一例外，在村子的最高处、最重要的位置上矗立着一座教堂。它是整个山村的灵魂所在。在较大的村子，教堂边还会有一座某位贵族的城堡或要塞。

一路上遇到的山村大小不等。位于奈尔维亚山谷中部的多拉塞卡村曾经是中世纪马克萨特王公的领地。一座建于 12 世纪、非常雄伟的石头城堡高高地矗立在山头上，俯瞰着脚下依山势层层而下簇拥在一起的石头民居。仅仅这古堡就已经气势非凡了，更有一座同样古老的单孔石桥横跨在穿过山村的圣罗克河上。这座跨度 33 米的中世纪石桥虽然斑驳苍老，但

不失秀美。它的流畅的拱形曲线与山头上古堡见棱见角的石墙碉楼相呼应，给予了多拉塞卡村独特的魅力。当年法国印象派大师莫奈在地中海沿岸采风时曾经路过多拉赛卡村，立刻被这座古老的石桥和边上的古堡所吸引，在他的画作上留下了它们的倩影。

我有些得意自己也有“大师眼光”，在走过的好几个山村里看中了多拉塞卡，决定驻足观光一下。走过了老石桥，从一个又高又窄、墙缝一样的入口走进了这座要塞般的山村去内部看个究竟，马上发现自己陷入了一座阴暗的迷宫。弯弯曲曲的小巷有时窄得只能侧身而过。小巷边忽东忽西伸出的一些石头台阶把你带进一个几米见方的小天井或者一个隐蔽的

小巷边忽东忽西地伸出一些石头台阶把人带进一个几米见方的小天井或者一个隐蔽的角落

角落里。有时候在一个路口你会发现上下左右前后出现了五、六处岔路。有的是一条向上的窄石阶，有的是一个只能弯腰钻进去的暗道，有的是旋转到不知何方的陡坡。台阶上有住家门，台阶下也有住家门。村堡里除了几处可以见到头顶天空的地方，大多数都终日黑暗，点着昏黄的路灯。尽管现在为了方便外来者，小巷甬路的地面上都标着指路的箭头，我还是像遇到鬼打墙似的在同一个街区转去又转回地重复走了三遍。在这样的村堡里，每家每户都隐蔽在一个难以发现的角落里，又都有邻居家作为自己家的墙壁、房顶或者地板。试想：外来袭击的敌人即使能够登上山头冲进村来，又怎么可能应付这些处处陷阱的迷宫阵呢?

这样的悬崖村格局对御敌的确万无一失，但对居民本身来说生活也显然不大方便。他们外出归来的时候不说“回家”而说“上山去”，很形象地表达了回家门的不易。当我在村子里转悠时偶然见到从山下商店购物回来的女人拎着大包小包的东西，一阶又一阶慢慢地“上山”，不禁为她们喘气。

山顶小教堂的钟声不紧不慢地敲了十二下，是正午时分。村里静悄悄的，不知从谁家飘出来葱头浓汤的香气。“吱呾”一声，小巷里石壁上的一道小门打开了，走出来一位白发苍苍的老太太。她弯下腰给门口的一盆花浇水。这是这少见阳光的村堡里难得的绿色。石头屋、石头墙、石头甬道，石头地面上见不到一块土。村里人的住宅都是见缝插针，当然没有树木的立足之地。所以各家门口摆放的花盆就成了村子里唯一的绿化了。

老太太慈眉善目地对我微笑，我赶紧上前问候。一开口，她竟然还能说几句法语。也难怪，这里离法国边境不过几十公里。对当地的人来说恐怕意大利和法国都是一回事。玛丽亚老太太今年 85 岁高寿，一辈子都住在这个村子里。

“不过，并不是一辈子都没出过远门。”她骄傲地告诉我，“去过奥斯坡达拉提好几次呢。”

奥斯坡达拉提是地中海边上的一座城镇。从这条山沟走出去大约 30 公里的样子。老太太的儿子女儿都在那边工作，只有节假日才回来几天。这座山村里的居民像老太太这样的人家

小巷里石壁上的一道小门打开了，走出来一位白发苍苍的老太太。她弯下腰给门口的一盆花浇水。这是这少见阳光的村堡里难得的绿色。

恐怕不少。在这片山区，盘踞在各个山头的村庄的经济基本都是一个模式。由于村子建在山头，耕地便沿下面的山坡以梯田的形式铺开。在石多地少的陡坡上种的是核桃、橄榄、果树和耐受力强的农作物。在土质比较肥沃，便于灌溉的向阳缓坡上则耕种庄稼和葡萄。土地有限，妨碍了经济的发展。特别是在第二次世界大战以后，村子的人口增长很快。年轻人纷纷走出大山去外面的世界谋生。于是不少人家只剩下了老一辈人继续在这里过他们宁静不变的生活。

一阵急促的脚步声在头顶上跑过。抬起头来向上望去，是三个跑得气喘吁吁的男孩。他们身穿运动背心，正从上方横插过的小巷穿过。看到我这个手拿相机的外国人，孩子们停下了脚步，十分友好地用意大利语问候。一个男孩跑下来，递上一张纸片。从上面的一些词根和表示时间的阿拉伯数字上，我明白了今天下午要在村子里举行一场少年登城堡赛跑。看来这几个男孩正在做比赛前的热身。

这正是个了解多拉塞卡村居民生活的好机会。我匆匆走出了“迷宫”，来到了村堡脚下的小广场。

这里已聚集了不少大人和孩子。孩子们按年龄和性别分组，正在摩拳擦掌跃跃欲试。家长们在一边等着助威。中午的阳光明晃晃地照在小广场上的人群，更增加了热闹的气氛，与上面村堡里的寂静和阴暗形成了非常鲜明的对比。

下午两点整，登城赛跑的发令枪响了。掐指一算，此刻正

黑暗与光明，寂静与喧哗，沧桑与稚嫩，古老与青春，都像这些石头房子一样不分彼此地纠缠交织在一起，分不出间隔。

巧是北京奥运会开幕、万众欢腾之时。不过在地球另一边发生的大事，对与世隔绝的多拉塞卡村的意大利村民们来说实在是太遥远了，远得没有人去关心。然而他们有自己的奥林匹克精神。这精神就体现在那些生机勃勃、健美纯洁的孩子们身上。

随着发令枪声，不同年龄组的孩子们分别从小广场出发，跑进了古堡村如同墙缝般的村寨门。那些纵横交错、被外人称之为迷宫的小巷对他们来说轻车熟路；那些陡峭得令外人生畏的石阶是他们一日几次上下来回的路；那些昏暗的路灯为他们清晰地指示着比赛的路线。

望着上面那黑洞洞的中世纪古村的寨门，看着眼前阳光下这些生龙活虎的多拉塞卡村的后代们，我感到了一种非常强烈的反差。黑暗与光明、寂静与喧哗、沧桑与稚嫩、古老与青春，都像这些石头房子一样不分彼此地纠缠交织在一起，分不出间隔。

也许是莫奈大师的遗风，多拉塞卡村里有不少小画廊。除了油画外，还有当地特有的玻璃工艺品和马赛克壁画等。最醒目的主题自然是那座多拉赛卡人引以为傲的老石桥和古堡。这些深藏在要塞山村内部的小画廊为森严壁垒式的中世纪古村增添了些许活力和浪漫的艺术情调。

也许是莫奈大师的遗风，多拉塞卡村里有不少小画廊。

在多拉塞卡村流连忘返，突然发现太阳已经西斜，而前面还有好几个山村在等着探寻，我只好恋恋不舍地又上了路。车子拐上了一个岔路。一座极为壮观的山村出现在山路的右边。它简直就是从山石上长出来的一座城堡。层层叠叠盘踞在陡峭的山崖上的石头房子完全是山石的本色。高高的墙壁、窄小的窗洞，监狱般的冷寂，又不失威严。它气势非凡的外貌让我惊叹。于是迫不及待地寻找“钻”进村子的入口。在山脚遇到了一位提着篮子的老奶奶。她连比带划地用意大利语告诉我在山头的背后有一条步行上山的石阶驴道。

夕阳为山头钩上了金边。村寨里的人家冒起了袅袅的炊烟。我沿着数不清的石阶气喘吁吁地走上了阿布里卡莱村，再次进入了一座迷宫似的村堡。同样四通八达的窄巷、同样见不到天光的小天井、同样的藏在四面八方角落里的小门、同样的被人在暗中窥视的感觉。在晚霞里我来到了位于山头最高处的村中心小广场。

与其他任何一座意大利山村的格局相同，小广场是每座村寨最重要的地方。村里的心脏——教堂就位于小广场的边上。这里是全村人聚会和举行各种仪式和活动的地方。我很走运。今天是当地的“八月十五”节，相当于我们的中秋节，是当地庆祝秋收的节日。村民们今晚要在小广场上举办舞会。我赶紧在小广场边上的饭馆的露天座位上抢占了一个位子，准备一睹这个地道的意大利老百姓自己的节日活动。

一座极为壮观的山村出现在山路的右边。它简直就是从山石上长出来的一座城堡。层层叠叠盘踞在陡峭的山崖上的石头房子完全是山石的本色。

这是意大利村民们自己的节日，自己的晚会和自己的“纯天然”生活。

随着天色渐暗，小广场上的人越来越多。几盏大电灯照亮了小广场和小教堂。漆黑的夜幕上，远处山头上的另一个山村的灯光像星星一样一闪一闪，也许那里也在举行什么庆祝活动。音乐响起来了，男女老少陆续走到广场中央。他们都是本村的村民，是亲戚、邻居，或者是朋友。有常年在此生活的老人，有从外地回来探家的中年人，也有跟随父母前来看望爷爷奶奶的孩子们。他们随着音乐翩翩起舞，一招一式既认真又随意。没有组织，没有指挥，没有刻意的表演，也没有内行或外行的评头论足。这是意大利村民们自己的节日，自己的晚会和自己的“纯天然”生活，也是正我此行寻找的东西。

萨那土楼，也门的曼哈顿

晨祷悠长的呼唤在城市的上空响了起来，在楼群中回荡。晨曦缓缓掠过无数的楼顶，落进昏暗的窄巷。萨那一点点地显现了出来。我不由得屏住了呼吸，看着眼前这座由数不清的古老“摩天大楼”组成的三千年古城，这座人类文明史上的建筑奇迹。它就像一块奇特的姜饼，几乎每一面都装点着令人眼花缭乱的图案，最后再撒上一层白色的糖粉。它的每一面墙似乎都溶进了邻墙里。成千上万各种形状的窗口，带着白色、红色和黄色的三角纹花边，组成了一个完整的与众不同的巨大城堡。

就在我眼前的楼上有一扇精美的扇形窗。白灰在土黄色的墙壁上钩出了窗框的花纹。远一点的地方有一座秀美的清真寺塔楼。玫瑰色的晨曦衬托出它洁白的倩影。一群鸽子扑拉拉飞过楼群的上空。白色的炊烟从每座楼房里袅袅升起来，空气里飘着烧柴和煤炭的气味。在楼下尚笼罩在黑暗里的巷子里有了模模糊糊走动的人影。

也门号称是武士、诗歌和建筑的国度。其中建筑留下的杰

晨曦缓缓掠过无数的楼顶，落进黑黝黝的窄巷。萨那一点点地显现了出来。

作最为触目动心。萨那无疑是世界上最壮美的城市。它位于阿拉伯半岛的西南尖端，坐落在海拔 2300 米的高原上。这里是红海与印度洋交界的地方，自古以来就是世界文明的要地。萨那至少有 2500 年的历史，从 1 世纪起它就是欧亚大陆与海洋的文化、商贸交流的十字路口，是连接中国与地中海地区的古老的丝绸之路上的枢纽。许多世界史的学者认为古城萨那是阿拉伯文明的发源地和文化中心。

毋庸置疑，萨那有着世界上任何一座城市都没有的独特魅力。也许是因为“不识庐山真面目，只缘身在此山中”，近距离的观察让人眼花缭乱。乍一看这些土砖楼都很相似，但仔细看，每一座楼在细节和装饰上都不一样。我在一座楼上数了 20 个窗户，只有 4 个基本相同。其他的窗户在大小、形状上都不一样。而且它们安放的位置似乎也没有什么规律。看上去很难根据窗户的位置分辨出每层楼从什么地方开始，到什么地方结束，也不知道每家之间的分隔。

这座奇特的古城当时是怎样一点点地建造起来的？是有着严格的总体设计蓝图，还是由每座个体建筑的有机组合，或者干脆就是随心所欲的结果？

在20世纪中期以前，萨那对于世界来说还是一个封闭的神秘国度。外人对其知之甚少。直到1970年一位名叫皮耶尔·保罗·帕索里尼的意大利导演在游览了萨那以后制作了一部15分钟的短纪录片，才把萨那独一无二的魅力展现在世

乍一看这些土砖楼都很相似。但仔细看，每一座在细节和装饰上都不一样。

老城仍完好地保持了古老的原貌。可以说它是一座充满活力的中世纪风格的伊斯兰现代都市。

人的面前。帕索里尼把这部短片送到了联合国人类文化遗产委员会，以此来呼吁抢救和保护这座历经几千年自然灾害、战争屠城和人为破坏而濒临毁灭的美丽古城。

根据研究阿拉伯半岛的古代建筑的著名学者罗纳德·罗可克的统计，萨那老城里现有106座清真寺、12间公共浴室、十几处传统的广场、市场和花园，以及6000多座也门传统的土砖民用建筑。现存土砖楼最早的建于11世纪。

1630年随着奥斯曼帝国的统治者的撤离，萨那成了他们的继承者的都城。他们留下了大量萨那米风格的建筑。萨那老城的心脏占地大约1500平方米，被用泥土和秸秆混杂压实的城墙团团围起来。

即使是在如今萨那城市大大扩展的情况下，老城仍完好地保持了古老的原貌。可以说它是一座充满活力的中世纪风格的伊斯兰现代都市。阿拉伯的传说中说，萨那古城由拉麦之子挪亚所建。先知的兄弟曾经在此藏身。也门人早在10世纪就皈依了伊斯兰教。在其后的一百多年时间里萨那是传播伊斯兰教的文化中心。

像世界上任何一座生生不息的城市一样，古城萨那也在不断发生着变化。如今初来这里观光的游客如果细心，可以明显看到古老与新生的重叠，过去与现代生活的交织。我看到在一座有500年历史的老楼里，漆黑的地下室仍是老式的榨油作坊。一头蒙着眼睛的骆驼在任劳任怨地一圈圈地转着磨。而在上面的一层，却是一间带互联网的小咖啡馆。在飘着咖啡香馥的店里，身着传统的白色长袍、佩戴着阿拉伯佩刀的男人的旁边坐着穿牛仔裤和T-shirt的青年学生。这两个似乎来自不同时空的人却做着同样的事情——上网冲浪。

在闹哄哄的小街上，一个铁匠坐在一个从汽车上拆下来的破座椅上正往铁匠炉里送一把烧红的铁铲。不远的地方，戴着阿拉伯面纱的女人一手拿着一大把洋葱，另一只手拎着一只放电视机的盒子。在他们头顶上五层楼高的地方，一个工匠正在用滑轮吊装一个装饰精美的窗户框。

萨那是建筑在玄武岩的石基上的。在上面用石灰和石头建起十来米的高墙基座。在它的上面用暗红色的火砖继续向上

街巷嘈杂纷乱，街两边的杂货铺琳琅满目。

砌成方柱形的楼堡，平均高 5～8 层。最后用一种叫“卡达达”的石膏和熟石灰混合的灰浆刷在楼顶防水。另一种叫“葛斯”的白灰浆用来刷在窗户的四周、室内墙壁和楼外表的装饰花纹上。

在楼的内部，底层一般作为储藏室使用。有的楼的地下室还打有水井。楼里的台阶把各楼层连接起来，依次为客厅、厨房、卧室和起居室。不同的楼层都有伸出去的露台。在最顶层是叫做“玛夫拉吉”的家庭客厅。这是全楼最宽敞明亮的地方，有宽大的窗户可以俯瞰四周的景色，是一个家庭接待亲友、聚会和喝茶的地方。

萨那砖楼的窗子从外面看是整座楼的精华所在。虽然它们近看只不过是白石灰勾画出来的粗犷质朴的线条和简单的几何图形。但从远处看上去，这些被红白相间的花纹包围的窗子犹如精美的雕刻华丽非凡，令人眼花缭乱，极具阿拉伯艺术之美。

在窗子内侧结构上也有不少独到之处。其中最典型的是“土冰箱”和“女人窗”。虽然萨那地处两三千米的高原上，但气候干燥炎热。为了较长时间地保存食物，砖楼的一些窗子被造成碉堡枪眼那样的外小内大。在里面还特意修一个台凳的形状放置食物。这种窗口通风性能好又凉爽，在没有冰箱等现代冷藏设备的年代这种土冰箱是很有效的冷藏装置。

按照伊斯兰的风俗，女人是不能在家人以外的人的面前随

在窗子内侧结构上也有不少独到之处，其中最典型的是“土冰箱”和“女人窗”。

在 20 世纪 60 年代以前，生活用水都取自水井或者公共蓄水塘。

便亮相的。在外面，女人被长袍面纱从头到脚遮盖起来。而在家里她们也不能暴露在窗口。因此砖楼里女人卧室的窗户都修得十分隐蔽，从外面很难看到室内的情况，而屋里的人却把外面看得清清楚楚。

因为高楼林立，在砖楼之间的街道显得很狭窄。实际上城里主要的街道都能并排通过两队骆驼。在 20 世纪 60 年代以前，生活用水都取自水井或者公共蓄水塘。女人和孩子们每天的任务就是去公共水塘提水。那时在萨那老城的巷子里，驮水的小毛驴和赶驴的孩子是最常见的景象。

如今这种在也门其他地方仍很普遍的景象在萨那消失了。但像世界上许多古老的城市一样，萨那老城仍然拥挤杂乱。在那些迷宫一样的小巷里游走，僻静的地方只偶尔见到蒙着面纱的女人低着头匆匆走过。阴暗的巷子里显得十分神秘。不知道在哪个拐角就可以见到一处残破的古迹：曾经的小花园只剩下几根不整的石柱；废弃的蓄水塘干涸了，堆着不少垃圾。

在热闹的街巷却嘈杂纷乱，街两边的杂货铺琳琅满目。菜场上人们吆喝着，一群群的男人围在巧茶摊子边挑拣评价。街两边时时可以见到几个男人半躺半坐。他们眼神迷茫，腮帮因为咀嚼巧茶茶叶鼓起一个大包。与这种懒洋洋的景象相对照的是另一些在忙碌地运货和卸货的男人。他们不耐烦地按着喇叭，破旧的汽车在狭窄拥挤的巷子里寻找缝隙通过。

“这里太窄了。应该把这些小巷子都扩建一下！”司机抱

萨那老城拥挤杂乱，街两边时时可以见到几个男人半躺半坐。他们眼神迷茫，腮帮因为咀嚼巧茶茶叶鼓起一个大包。

萨那古城三千年的历史留下了数不清的土砖楼、狭窄曲折的甬道、几乎成了废墟的历史遗迹、散布在楼群里的小市场、清真寺、小花园和水塘。

怨着。

可是要扩建必有拆除。萨那古城 3000 年的历史留下的数不清的土砖楼、狭窄曲折的甬道、几乎成了废墟的历史遗迹、散布在楼群里的小市场、清真寺、小花园和水塘，还有在萨那老城围墙外面的犹太老区、波斯古迹、奥斯曼花园和基督教社区，哪一处不凝聚着厚重和丰富多彩的历史和文化价值。它们与萨那老城一起组成了这颗阿拉伯半岛上的明珠。拆除它们，怎么忍心？

沙弗朔恩，蓝色的梦

沙弗朔恩是一个蓝色的梦。每当看到那些闪着莹莹蓝光的照片的时候，我都会陷入一个蓝色的梦境之中，怀疑自己是否真正到过那座深藏在摩洛哥东北部利夫山脉中的小城。

那天在摩洛哥著名的古皇城非斯游览，中午走进了一家小饭馆，叫了一道名叫“哈里拉”的美食汤。笑盈盈的侍者把“哈里拉”端上来的时候说，这是一道他的家乡沙弗朔恩的传统佳肴。他的家族的几代人已经在那个小城居住了五六百年了。侍者的眼睛望着窗外的远方，似乎有泪花在眼眶里闪亮：“你要是去了那里，你的心会随着她的光与色而飞舞起来。”

于是，我决定去沙弗朔恩，看看那座能让心儿飞舞起来的蓝色小城。第二天的早晨离开了非斯，向北穿过了一块块开始成熟的庄稼地，然后是一片又一片的橡树林。利夫山脉的景色与摩洛哥南部的阿特拉斯山脉的苍凉有些不同。绿色散落在不太肥沃的山谷里和山坡上。羊群在仙人掌和矮小灌木丛中吃草。农人骑在驴子的背上慢悠悠地在山路上行走。女人们戴着色彩鲜艳的锥形花帽。

“沙弗朔恩”在柏柏尔语里是“羊角”的意思，取自小城背后像一对山羊角一样展开的两座山峰。小城就坐落在这对黑色的巨大羊角的中间。8 世纪末，基督徒收复了曾经被摩尔人统治了近 800 年的伊比利亚半岛，把犹太人和伊斯兰教徒们驱赶到了直布罗陀海峡对面的利夫山脉中。他们在这里修建了要塞式的避难城堡，以抵抗北方葡萄牙人的侵扰。曾经在相当长的时间里，沙弗朔恩是基督徒的禁地。直到 19 世纪末，秘密潜入的异教徒都会被投入地牢。

在犹太人的圣经里要求信徒们把祈祷时用的披肩的一缕织物染成蓝色。每当在他们看到这蓝色的时候，就会想到蓝

″沙弗朔恩″在柏柏尔语里是″羊角″的意思，取自小城背后像一对山羊角一样展开的两座山峰。小城就坐落在这对黑色的巨大羊角的中间。

（左页图）沙弗朔恩是一个蓝色的梦

天，和在天堂上注视着他们的上帝。据说那原始的蓝色染料取自一种神奇的贝类。时光的消逝渐渐让人们遗忘了提取这种染料的技术，但蓝色已深印在犹太人的心里。于是，沙弗朔恩最早的主人犹太人按照他们的古老传统把城中的建筑和街道也涂染成了蓝色。1926 年西班牙军队占领了沙弗朔恩，并且在这里统治了 30 多年，直到 1956 年摩洛哥独立时把它交还给了摩洛哥政府。

西班牙人的统治为沙弗朔恩留下了浓郁的安塔卢西亚文化和风情。在这里不仅西班牙语通行，而且还可以听到在西

在沙弗朔恩城里随处可见西班牙文化的遗产，它们混杂在伊斯兰文化的建筑中。

墙是蓝色的，门窗是蓝色的，台阶是蓝色的，狭窄的小巷的地面也涂成了蓝色。

班牙本土已经消失了上百年的土语。在沙弗朔恩城里随处可见西班牙文化的遗产，它们混杂在伊斯兰文化的建筑中，让人犹如来到了安塔卢西亚的城镇。饭馆里的地中海西班牙美食与典型的摩洛哥食品一起诱惑着游人的胃口。难怪许多西班牙游客特意来到沙弗朔恩，寻找本民族文化久远的回忆和祖先生活的遗风。

与辉煌的摩洛哥古皇城非斯相比，沙弗朔恩更像一个大村庄。宁静笼罩着它的老城。一切都淹没在如梦如幻的蓝色里。墙是蓝色的，门窗是蓝色的，台阶是蓝色的，狭窄的小巷的地面也涂成了蓝色。这还不够蓝，摆在门前的花盆也闪着蓝釉。各种不同色阶的蓝在白色的墙壁上晕染开来，让一切都变得不太真实，就像在蓝色的海底漫游。

蓝色的沙弗朔恩老城静悄悄的，没有任何汽车的噪音。只偶然有身穿长袍的当地居民匆匆走过。妇女们色彩鲜艳的长袍在蓝色的背景上一闪便不见了踪影。手拿照相机的游客在迷宫一样的小巷里东张西望，脸上写满了惊喜和迷茫。据说旅行者们对沙弗朔恩城的居民的评价相当好。这座典型的旅游化的小城的居民似乎并没有像其他旅游城市那样被惯坏、被金钱所污染。他们在游客面前保持着矜持与淡定。在沙弗朔恩，游人不用担心会被拥上来的旅店主们所拉扯，不会被伸着手的孩子们所包围，也没有谁会纠缠不休地跟在你的后面推销什么。

老城不大但小巷曲折蜿蜒，对陌生人来说就像一座迷宫。而当地的居民总会在迷失方向的游人需要帮助的时候出现，大人孩子都会用英语、法语或者西班牙语向游客问好，含蓄但不失热情，矜持又不失礼貌。在老城里漫游时，我曾拦住一个路过的男孩询问去老城中心小广场的路。他很高兴地把我领到了那里。按照在摩洛哥旅游时的惯例，我下意识地掏出些零钱给他作为酬谢，但男孩却摇摇头谢绝了。我感到有些尴尬也感到了欣慰，对沙弗朔恩的好感又多了几分。

沙弗朔恩的居民不太愿意被游人拍照。但他们却很高兴游客们把镜头对准他们美丽的小城和那些琳琅满目的手工艺品。在被蓝色笼罩的沙弗朔恩古城的深处，人们会发现另一些艳丽的令人眼花缭乱的对比色。它们来自那些精美的摩洛哥民间手工艺品：羊毛粗毯、五彩丝巾、五颜六色的陶器和银器、色彩斑斓的衣裙和鞋帽。这些极具阿拉伯异国风情的手工艺品让来自世界各地的游人们爱不释手。除了在老城中心的小广场四周的货摊外，游人在老城的小巷里闲逛时，常常会在不经意间眼前一亮：小巷角落一户人家的门口挂满花花绿绿的阿拉伯女式长袍；一截裸露着斑驳白灰的蓝墙上悬吊着一串串的繁缛又华

在被蓝色笼罩的沙弗朔恩古城的深处，人们会发现另一些艳丽的令人眼花缭乱的对比色，它们来自那些精美的摩洛哥民间手工艺品。

丽的柏柏尔人首饰；一个不起眼的街角上摆着一堆做工精美的银器和陶器。没有叫卖，没有推销，货物无言地在向游客招手，邀请他们掏出自己的钱包。

在照相机的镜头前往往很快避开的小城居民对在自己家门口张望的游人却十分大方热情地相邀，请他们进来看看自己家的手工艺品作坊。在这些私人的小店里传统的装饰品应有尽有，彩釉的安塔卢西亚风格的陶器、摩洛哥山区朴素的手织挂毯、圆锥形的女花帽、典型的北非民族乐器乌德琴、镶嵌着银丝的骆驼骨盒子、山里采集到的晶体宝石和阿拉伯女人华丽的裙袍绣鞋……当然，时不时地，主人还会拿出当地的另一种土特产——大麻。

沙弗朔恩四周的山区土壤贫瘠、多石少水，不适于农作物

小店里传统的装饰品应有尽有

的生长，却以出产大麻而出名。因此而吸引了一些欧美的瘾君子们来这里享受其他地方难得的自由。在从非斯到沙弗朔恩的路上，我下车去路边方便时就意外地发现自己竟身处好大的一片大麻田里。虽然吸食大麻在摩洛哥并不合法，但在沙弗朔恩城里的上百家大小旅馆里还是专门为一些有这种嗜好的人安排了放松的场所。我在一家这样的小旅店的门口碰到一个从旧金山来的旅行者。这个又高又瘦的男人坐在旅店门口的椅子上，很惬意地吸了一口手中的纸烟，“欢迎来到天堂！”他眯起眼睛向空中高举起双手说，“这里是自由爱好者的家园。”

然而大多数游客来到沙弗朔恩享受的是另外的东西。除了它的宁静和迷人的蓝色外，还有那些摩洛哥和西班牙风味的美食。沙弗朔恩著名的山羊奶酪是游人必尝的佳肴。沙弗朔恩是摩洛哥少有的宁静、让人放松的地方。它有一种懒洋洋的气氛。在这里，人们会忘记工作与生活的压力，不再想着去回复电子邮件和手机短信。坐在老城的咖啡馆的露天茶座上或者家庭旅馆的小阳台上，品着清凉的薄荷茶发呆，看着夕阳一点点滴掠过蓝白相间的土墙，把它们变成金黄色。

老城中古老的清真寺钟楼上响起了晚祷的呼唤。我想起了非斯饭馆侍者的话。是的，我的心在这蓝色的小城的上空舞蹈，舞出了一个蓝色的梦。

宁静笼罩着沙弗朔恩的老城。一切都淹没在如梦如幻的蓝色里。

西非民居，泥土与生命的联想

西非大地与撒哈拉大沙漠为邻，却躲开了不毛黄沙的严酷。尼日尔河与塞内加尔河像母亲张开的双臂，挡住了北方的沙魔，并用乳汁滋润了这片肥沃的土地。

西非大地与撒哈拉大沙漠为邻，地表土层多为含沙的红黏土，它是人们建屋的理想材料。

建屋居住是人的生活当中最重要的活动之一。它非常形象地体现了人与自然界的密切关系。从西非土著民族对建造房屋的理解态度上我们看到他们与中国古老的风水概念有着很相近的契合。他们认为大地不仅仅是一片让人居住和生活的地方，而是一个复杂的生命体。人类必须对它尊重。动土建屋是对大地血脉的侵入和破坏，是在大地上留下印迹和斑痕，因此要正确地选择建屋的地点、时间、朝向、格局和方式。用他们的话来说，建屋前首先要请相当于风水师的巫师来“观察大地的面孔”。

西非的地表土层多为含沙的红黏土，它是人们建屋的理想材料。把红黏土与一定比例的沙土、水和秸秆相混合就可以直接用来建房。黏土建筑的保温绝热性能好，可塑性强。而西非的红黏土在烧制陶器和建造泥屋上尤其有名。西非民族的文化传统对一个家族是否兴旺的评价标准不是看它拥有的土地的多少，而是看它是否人丁兴旺。新房子不断修建说明了一切，而身边的黏土为人们建房提供了方便。

西非的泥屋大部分都没有地基。只是在设计的房基的外缘先用泥土垒起一道约半米高的墙基，用手掌把内外抹平。待这基墙完全干燥以后，再不断往上添泥加高。每加上一层泥都需要干了以后再加新泥。最后用细胶泥把表层抹平，趁未干时进行装饰。泥屋的外表装饰丰富多彩。它不仅美观而且有助泻雨水的作用，保障泥屋的持久。泥土民居的建筑技术和美学是西

多贡村庄的小泥屋群居在一起。泥屋之间由小窄道或者天然的石头、石壁隔开。每户人家都是由数座平顶的方形小泥屋围在一起，都有一两个粮仓，盖着草帽样的尖顶。

非文化中非常重要的内容。

在西非民族的概念里，房屋是宇宙和人类的镜像。房屋的每一部分都对应着人的机体和生命。马里的多贡人村庄背靠500米高、绵延150公里的邦贾加拉绝壁而建，目的是为了防御来自尼日尔河三角洲好战部落的袭击。在高大的绝壁的脚下，小泥屋群居在一起。泥屋之间由小窄道或者天然的石头、石壁隔开。每户人家都是由数座平顶的方形小泥屋围在一起，都有一两个粮仓，盖着草帽样的尖顶。

走马观花的游人在多贡村庄里看到的是简陋至极又颇具原始风情的村落，却不知道在这些看上去完全是随意垒起的泥巴小屋所表达的深刻内涵，所诉说的多贡人关于对人和生命的理解。

多贡民居最外面是一个外屋，外屋里有桌子和台子来接待客人。家族里年纪最大的老祖父住在外屋里，他的责任是负责全家的安全，而且也有介于生者和死者之间的意思。外屋的里面是中院，是女主人日常劳作的地方，两侧是狭长的厢房。院子的最里面是圆柱形的厨房，厨房的顶上有平台和烟囱。

这个简单的格局表达了多贡人“人”的概念。他们把自然界的元素与人体相对应，认为土相当于人的肌肉，水相当于血脉，石头相当于人的骨骼，墙壁是人的皮肤。厨房是一个家庭最重要的部分。厨房不仅仅是做饭的地方，它的烟囱相当于人的呼吸管道。在多贡民居的结构上有许多对男人和女人身体的联想。男女合一所代表的生命概念生动地体现在房屋的格局上。中院是一个躺着的女人的身体。院子里的四根柱子相当于她摊开的四肢。外屋和中院的顶部是男人拱起的脊背。两侧厢房是

多贡民居简单的格局表达了多贡人“人”的概念。他们把自然界的元素与人体相对应。

他的手臂，大门是他的性器。与大门相对应的中院门——女人的性器敞开，准备交合。男人女人的呼吸通过院子最里面厨房的烟囱排出去。

居住在多哥和贝宁的北部的巴塔玛力巴人的民居格局与马里的多贡人有相似的概念，除了人形的院落以外，他们的表达更加细致。他们在院墙上做出小洞，代表人的五官，柴堆代表牙齿。大门顶上的长条形状代表血脉，院子中央的蛋形谷仓代表人的胃，长沟代表男性生殖器。甚至在最后面的厨房背后用一条中央沟代表肛门。

巴塔玛力巴人的民居很早就被西方学者认为是西非最杰出的泥土建筑之一。在当地的语言里，“巴塔玛力巴”的意思就是“真正的建筑师”。他们的村寨就像一座小小的泥土城堡，由数座圆柱形泥屋围成一圈，被高墙连接起来形成一个防御功能很强的泥堡群。在内部的中央有一个独立的尖顶草屋。它与外圈的泥屋之间的院落一半有顶，另一半开放露天。整个院落的格局按大地女神布丹的身体来安排，与马里多贡人的院落有异曲同工之妙。

对西非民族来说，生活就是创造。建筑总要联想到人的生命本身。生命的循环体现在居住的每一个环节上。逝去的先人在西非的社会里拥有非常重要的地位。他们无处不在，人们在生活里的所有重要场合都要请示先人的意见，建房造屋也是如此。否则先人会拒绝住进新的房屋，这对后代是一个大灾难。

巴塔玛力巴人的村寨就像一座小小的泥土城堡

因此在泥屋的院子的门前都有为先人准备的祭坛。它们用锥形的土堆来表示。许多西非泥屋的大门都朝向西面。其中的原因有诸如风向、雨向和地势等不同的解释。但巴塔玛力巴人认为西面是太阳村的位置，先人住在那里。因此大门要向西而开，随时迎接先人的归来。

西非民族多为父系社会，房屋归男方家庭所有。居所随着家庭的扩展、男性成员的成人和成家，或者男性成员的去世而不断发生变化。一个家庭的泥屋的数量是这个家族是否兴旺的标志。新媳妇娶进门需要建新屋，女人生了孩子以后才有权再建新屋。西非的谚语说："是孩子的到来让父母有了尊严。"无子女的夫妇在家族和先人面前都不完整。死后他们的泥屋要被拆掉，种上烟草。

住在喀麦隆和乍得北部的穆斯古姆人的钟形泥屋是非洲最有特色的民居之一。它们就像一个个巨大的古钟倒扣在地上。与其说它们是泥瓦匠的活计，不如说是艺术家的作品。因为当地缺少木材，钟形泥屋没有任何梁柱，只靠土、水和手来建

一个家庭的泥屋的数量是这个家族是否兴旺的标志

造。这些泥屋没有地基，直接摆在地面上。它的基层的直径为5～7米的圆形，墙壁最厚。然后逐渐向上收缩直径，墙壁也变薄。到顶部时达到七八米高，形成完美的圆锥状。顶端留有烟道，作为通风和照明之用。

钟形泥屋最具特色的是表面上大量的突起的泥土“鳞片”。它们一圈圈呈阶梯状围绕，看上去像穿山甲的外壳，十分奇特。这些“鳞片”除了可以加固墙体外，更重要的是起到导流雨水的作用。另外它们还可以作为台阶，在人们对泥屋进行维护翻修时使用。

在西非民族的传统泥屋里，无论外观形式如何不同，都有一个共同的特征——没有窗户。因此走进去让人感到光线很差。尤其是从外面赤道炽烈的阳光下猛的进入这个封闭的空间时，眼前顿感一片黑暗，很久才能看清楚里面的东西。这个令人不解的现象似乎与当地文化里对于光线的理解有关。西非的谚语说：“光是空间的生命，而黑暗是它的灵魂。”虽然泥屋没有窗户，但在它的一些特定的部分往往留有一些小洞。天光可以从这些小洞射进室内。

西非居民在室内和院落的各种陈设位置设计上都会考虑到阳光光线在一天当中移动的位置，令不同的部分在不同的时间里沐浴在阳光下。阳光从屋顶和墙壁上精心设计的洞口里像追光灯一样照进室内，在一天中不同的时辰扫过不同的角落和不同的器皿。这让人感到一种安宁，引起美好的想象。象征着大自然的生命力穿透墙壁，来到家人之间。“阳光就是先人的目光，随时在注视着我们。”

阳光、红土、水和空气，先人的目光，男人和女人的生命活动，这一切构成了西非传统民居的要素。在那些貌似原始简陋的泥屋的背后是对自然和生命的永恒思考。

在那些貌似原始简陋的泥屋的背后的是对自然和生命的永恒思考。

杰内，泥巴的杰作

杰内是一个边界的镇子。虽然它位于马里的腹地，四周并不跟其他任何一个国家接壤。

这个“边界”并不是通常政治意义上的国界。而是纯粹地理意义上的边界。它位于撒哈拉大沙漠和非洲干旱草原带的交界处，无论是自然气候还是文化，在这里都有明显的分界。杰内坐落在尼日尔河和巴尼河之间的三角洲上，是一个洪泛区。一年一度的雨季过去以后，尼日尔河拓宽了好几倍。杰内就变成了一个被大水包围的孤岛。洪水退去以后，留下了纵横的河

湿的泥、干的土是杰内人建房的唯一材料，上千年不变的泥屋是杰内的特产。

汊和大片的湿地，杰内人就在这里捕鱼、种稻和放牧。无论是雨季还是旱季，这里最不缺的就是泥土。湿的泥、干的土自然成了杰内人建房的唯一材料。上千年不变的泥屋是杰内的特产。

除了泥屋，杰内还有悠久的历史。它是一个建于 9 世纪的镇子，一个穿越撒哈拉大沙漠的西非商道上的重镇。南来北往的商旅带来了商品和货物，也留下了不同的文化和传统。一个又一个时期的发展，如同一层又一层的渲染，让杰内一点点改变着颜色。一位研究非洲文化的学者这样形容杰内说："它就像一块黑非洲朴素的土布，一点点被编织进了北方伊斯兰文化五颜六色的织锦。"

这种文化的交流和演变最明显地集中在杰内的建筑上。地道的杰内民居是西非风格的极为简陋的泥巴屋，像一些方方的封闭的泥盒子——平顶、墙壁很厚，窗子又小又少。这是为了避免赤道烈日的炽热，同时也可以减少沙尘进入室内。

泥屋的缺陷是缺少"筋骨"，因为没有通常房屋的梁柱。尽管墙壁垒得很厚，但遇到较长时间的雨水浸泡还是有坍塌的危险。

16 至 18 世纪，摩洛哥曾经统治了杰内近 300 年。摩洛哥文化的影响不仅巩固了伊斯兰教在这一地区的地位，而且在民房的建筑风格上也留下了深深的烙印。当时常年来往于撒哈拉商道上的商贾都携带家眷。按照伊斯兰的风俗，住宅中男人和女人的居所是分开的。男人的房子建在住宅最外面的二层上，便于观察街上的情景和接待客人。而家中女眷的房子建在院子的最里面。女宅的窗户都是便于屋里的女人观察到外面，而外

摩洛哥文化的影响不仅巩固了伊斯兰教在这一地区的地位，而且在民房的建筑风格上留下了深深的烙印。

人却看不到屋里。本来杰内民居的门都修得又高又大，这是为了也能把马匹拉进来。但是后来因为这样的大门也方便了“不速之客”，所以很多门都改小了。然而为了省事，人们干脆把大门用泥巴堵起来一部分，新的小门就开在老门上。

除了摩洛哥民居的建筑风格外，苏丹和埃塞俄比亚的传统也影响到了杰内的民居。它们主要表现在外观的装饰上。在杰内的房屋的正面经常可以见到苏丹风格的精美的门柱和饰有几何图案的外墙。这类装饰与主人的社会地位和富裕情况很有关系。越富裕的主人，装饰得越华丽。

不难想象，泥匠在杰内的社会中有着相当高的地位。他们既是房屋的建造者又是它的设计师。他们从镇子周围的洪泛平原上取来夹杂着草根和鱼骨的泥巴，和着尼日尔河的河水，用木模子制成泥砖。然后用祖传的手艺建成这座奇特的泥屋镇。虽然泥屋看上去简陋至极，但并不是随便什么人都能做个合格的泥匠的。

过去，想成为泥匠的人从六七岁就要拜师求艺。师傅与徒弟的关系既是主仆又是父子。师傅拥有对徒弟的全部家长的权威和责任，甚至包括了为徒弟选择媳妇和送聘礼、安排婚礼等大事。而徒弟则要为师傅无偿干所有活计。现代的泥匠师徒关系已经转变成为雇主和雇员的关系，徒弟可以从师傅那里得到少量的报酬。

徒弟每天除了帮助师傅干活外，还要上课学习泥匠的各种专门知识，从泥匠用的工具、对泥巴的选择到泥匠的技术，最后是泥屋的设计和制图。徒弟学成以后，师傅要在徒弟的家人面前正式宣布出徒。徒弟因此可以得到泥匠的执照。

杰内的泥匠们有自己的行业组织——泥匠协会。它负责制定各种规则标准，并且固定建房的价格和工钱。泥匠协会的年会一贯沿用古老的传统形式。开会时老资格的师傅们和年轻的徒弟们分别坐在会场的两侧。两名德高望重的主持人坐在中间，以便听取两边的意见。

年会上最不可缺少也是最多余的一个角色是“传声人”。

泥匠既是房屋的建造者又是它的设计师。他们从镇子周围的洪泛平原上取来夹杂着草根和鱼骨的泥巴，和着尼日尔河的河水，用木模子制成泥砖。然后用祖传的手艺建成这座奇特的泥屋镇。

他负责高声重复主持人和发言者的讲话。年轻的徒工如果有什么意见，也只能通过“传声人”才能讲出来。这个“话筒”的角色过去都是由奴隶来担任。因为奴隶既没有权利指责别人，也不值得别人来指责。奴隶制度消失后，现在的“传声人”多由当年的奴隶的后代来担任。

约努是杰内的一位很有名望的泥匠师傅。在他的家族里，祖传的手艺已经有500年的历史了。1950年，约努开始给自己的父亲当学徒。30年以后他成了杰内最有权威的泥匠之一，也是杰内目前掌握“杰内技术”仅有的泥匠。“杰内技术”是这个地区在20世纪以前流行的一种传统泥屋。它们呈圆柱形，用干泥砖和泥浆垒起。这种泥屋比较坚固，当然对建屋技术的要求也更高。因此“杰内技术”有失传的危险。

约努说，关键是怎么安放好那些泥砖，要有耐心，慢慢来。他还强调，首先要学好古兰经，真主可以保佑建造的泥屋坚固耐用。

学习古兰经与盖房子似乎风马牛不相及。但只要在杰内转一转就会明白其中的道理。自从杰内的统治者在16世纪皈依伊斯兰教以来，这里就是西非著名的古兰经传授和研修中心。伊玛姆在清真寺或自己的家里为学生们开设古兰经课程。除此之外，孩子们还可以学到天文、历史和数学逻辑知识。在杰内有各种水平的古兰经学习，其中在大清真寺里的古兰经课堂水平最高，相当于大学的水平。

在大清真寺的外墙下和镇子里的街边，经常可以见到研修古兰经的男人。他们席地而坐。脚边摊开几本经文，旁若无人地埋头苦读。

位于杰内中心的大清真寺是非洲西部泥建筑的经典代表作。它的高大宏伟、独一无二的造型和建筑材料是杰内人的骄傲。大清真寺的外貌很有特殊的魅力，但它的内部要平庸得

在大清真寺的外墙下和镇子里的街边，经常可以见到研修古兰经的男人。他们席地而坐。脚边摊开几本经文，旁若无人地埋头苦读。

位于杰内中心的大清真寺是非洲西部泥建筑的经典代表作。它的高大宏伟、独一无二的造型和建筑材料是杰内人的骄傲。

多，而且光线相当暗。里面一半的面积用 90 根柱子支撑起简单的屋顶作为教室和祈祷室，另一半则是露天的庭院。

大清真寺位于杰内的中心。半人高的土墙外有一个一平方公里的小广场。从小广场到清真寺的门口有六级台阶，象征着从平民到达先知的层层过渡。小广场的确是展示平民百姓的日常生活的地方。尤其是在每星期一的市场日，从西非各地来的商贩聚集在这里，眼前摆着各种各样的土产，从鱼干到稻米，从木器到陶器，热闹非常。

尽管杰内镇的泥土建筑号称有着数百年的历史，但严格地讲，现在人们见到的这些泥屋的真正年头都不是很长。这是因为泥巴这种建筑材料的特点决定的。这些看上去礅厚结实的房屋，一到雨季就遇到危机。最糟的时候，一场大雨就可以造成房倒屋塌。因此每年人们必须在雨季到来之前对房屋彻底检查翻修一番以防后患。就连宏伟的大清真寺也是如此。

每年大清真寺的翻修日是杰内人的重要节日。在好几天以前人们就要在许多大坑里准备好泥浆。因为泥浆需要不断地搅拌，孩子们借机跳进坑里，嬉笑打闹着就干了搅泥的活儿。翻修日那天，泥匠们登上清真寺墙上伸出来的脚手架，镇子里的男人们通过竞赛的方式把泥浆从大坑里传送到脚手架上。在热火朝天的劳动的同时，小广场上的妇女欢歌舞蹈，并且摆出传统的美食。

泥匠协会负责组织大清真寺的翻修。杰内最有权威的泥匠师傅坐镇在清真寺前监督这一切。两个泥匠光着脚站在高高的脚手架上砌砖。负责递砖的师傅从地上的砖堆上拿起一块五六公斤重的泥砖，似乎看也不看随便往上一抛。上面的一个泥匠一伸手接住了砖，随着一弯腰，砖就不偏不斜地摆在了该放的地方。在他弯腰的一瞬间，第二个泥匠在他的背后接住了飞上来的下一块砖，一转手就砌到了另一边的墙上。上下三个泥匠

在外墙的横向上向外伸出了许多芭蕉树的树桩，造型极为奇特。这些木桩有两个作用：一是作为维修时的脚手架，二是可以防止泥墙在变干时干裂。

每年大清真寺的翻修日是杰内人的重要节日

就这样连续交替地工作着，弯腰直腰、身体此起彼伏，没有一瞬间的闪失，就像熟练的杂技演员。

另一些年轻人在墙上伸出来的木桩上上下左右地移动着，一边熟练地给墙上抹上新泥。约努赞许地看着他这些徒弟，不无骄傲地说："只有我们杰内人才能建出这样漂亮结实的泥屋来。因为泥巴与我们是祖祖辈辈的交情了。"

卡塞纳斯泥屋，布吉纳法索的大彩陶

去提埃柏拉村的土路两侧是两排高大的芒果树和猴面包树，在它们的后面一片片的谷子地就要成熟了。红色的土地和绿色的植物组成了一幅色彩浓烈的乡村图画，几群泥屋出现在眼前。它们静静地坐落在光秃秃的大地上，像一座戒备森严的土堡，似乎随时都会有箭突然从里面向来犯者飞来。

不过这场景已经是百十年前的事了。如今在泥屋群里面传

几群泥屋静静地坐落在光秃秃的大地上，像一座戒备森严的土堡。

在泥屋群的最外面用高大的厚厚的泥墙围护起来，只有一个小门可以进入。外墙和内墙共同组成了迷宫样的小道，穿行在不同的泥屋之间。

出来的是啾啾的鸡鸣、咩咩的羊叫和孩子们欢乐的笑声。

提埃柏拉村是西非国家布吉纳法索南部的一个村庄，靠近加纳的边界。古鲁恩西族人居住在这里。提埃柏拉村以彩绘传统泥屋而闻名。

这种彩绘泥屋被当地人叫做“卡塞纳斯”。它们是一群聚集在一起的圆柱形或者方形的平顶泥巴小屋，有门无窗。泥屋之间由半人高的泥墙相连又相隔开。

在每个卡塞纳斯泥屋群里居住的都是一个大家族。泥屋有三种基本类型：圆柱形泥屋称作“德拉拉”，屋顶上用秸秆盖成圆锥顶，里面居住的是单身男人。方形的泥屋叫做“曼格罗”，是年轻的夫妇居住。按照古鲁恩西族的传统，都是女方嫁到婆家，因此曼格罗是男方家所有。较高大的被称做“丹尼安”的泥屋是上了年纪的夫妇带着年幼的孙子辈居住，里面有一间卧室、一个小厨房和一间客厅。丹尼安是泥屋群最早建筑的，是它的核心部分、祖先的神灵所在。家族中最有声望的老人居住在这里。老祖母在这里向子孙讲述先人的故事、传授本民族的文化传统。家族后代的泥屋都围绕在丹尼安四周逐渐增建起来。

卡塞纳斯泥屋群最原始的作用是防御，躲避外族敌人的袭击。因此它的建筑格局如同碉堡，只有一个进口。人进去以后马上就进入泥墙夹道构成的迷宫阵。狭窄的小道被两侧的矮泥墙相夹。进来的外人被躲在泥屋顶平台上的人看得清清楚楚。

让人不解的是卡塞纳斯泥屋的门往往做得非常矮，人必须低头弯腰甚至爬着才能进去。对此当地的导游风趣地做出一个砍头的手势说了两个字："坏人。"原来这也是为了防御的需要。在过去即使入侵者闯进了村子，在进屋时不得不弯下腰来先把头探进屋里。结果就在他们的眼睛还没适应里面的黑暗时头上就挨了一棍子。

在泥屋群的内部，每个被矮墙隔开的小屋都有一个小空场。泥台阶可以登上屋顶的平台。泥磨盘在屋子后面。最有特点的是家族中最年长的老祖母的厨房。它的入口形状很像一个

在空场上有圆形的平台供全家人日常干农活儿、编织、制作陶器和休息。

泥台阶可以登上屋顶的平台。泥磨盘在屋子后面。在空场上有圆形的平台供全家人日常干农活儿、编织、制作陶器和休息。

女性的外生殖器。人走进去就象征着回到了母亲的肚子里。

在厨房的最外面有一张泥台子。上面放着石头碾子和装面的陶罐。在厨房的最里面有一个又矮又小的门，里面是一个更小的储藏室。这间秘密的储藏室十分昏暗，墙上和地上摆满了坛坛罐罐，里面装得都是备荒的储粮，只有在饥荒和紧急情况下才能动用这些救命的粮食。在密室里还有一些大大小小的葫芦。女人们常常把自己的私房钱和宝贝藏在里面。

卡塞纳斯泥屋最与众不同和最引人注目的是在光溜溜的红泥墙壁上用不同颜色的泥土调制的色彩勾画出来的图案。这件工作是由已婚的妇女来完成的。西非的马里、加纳和布吉纳法索等国的妇女以杰出的彩绘制陶艺技术而远近闻名。不少欧美的绘画和雕塑艺术家和业余爱好者经常专门来这里寻找艺术创作灵感，学习非洲传统的制陶工艺。在当地的市场上，各种各样的彩绘陶罐、面具和手工艺品也最引人注目，是外来的游人最喜爱的纪念品。

对古鲁恩西族的妇女来说，建造泥屋和制作陶器一样，是在模拟神用泥土造人的过程。当陶罐从泥巴逐渐旋转成形时，它是一轮逐渐变圆的月亮。在烧制成器以后它们就变成了太阳。这些女人发挥出她们的艺术才能，又把彩绘陶器扩展到了自己的住宅泥屋上。

在一处卡塞纳斯泥屋的院落里，两个女人正在准备刷新她们的小屋。地上放着装有各种不同颜色泥浆的坛坛罐罐，而她

秘密的储藏室十分混暗，墙上和地上摆满了坛坛罐罐，还有一些大大小小的葫芦。

卡塞纳斯泥屋最与众不同和最引人注目的是在光溜溜的红泥墙壁上用不同颜色的泥土调制的色彩勾画出来的图案。这件工作是由已婚的妇女来完成的。

们的工具就是自己的双手。泥屋上几乎所有的图案都是她们用手抹出来的。她们把泥屋的里里外外包括所有的墙壁、土炕、土台和磨盘都抹得浑圆溜光，然后用黑白相间的方块、三角、菱形和折线、曲线绘上各种各样的图案，把整个泥屋变成了一件与众不同的大彩陶。有的时候她们还会即兴画上一些动物、花草和人们日常生活劳动的场景。这些彩绘把平平常常的民居红土小泥屋装饰得像美轮美奂的工艺品一样，使卡塞纳斯泥屋成为了最简朴也最漂亮的传统民居。

女人们把泥屋的里里外外包括所有的墙壁、土炕、土台和磨盘都抹的浑圆溜光，然后用黑白相间的方块、三角、菱形和折线、曲线绘上各种各样的图案，把整个泥屋变成了一件与众不同的大彩陶。

格尔法，诞生于撒哈拉焦土

当四周可见之处都是漫漫干焦热土，树不成林、石不成片，黄土自然就是唯一的建房材料；当一年四季烈日炎炎，一切被长达数月的 40 摄氏度酷热所包围时，地下自然是唯一可以躲避炎热的地方。位于撒哈拉大沙漠北部边缘的突尼斯巴哈尔高原就是这样一片让人酷热难当的干漠。而被称为“格尔法”的柏柏尔人窑洞就是当地人找到的最佳传统民居形式。

像北美的印第安人一样，柏柏尔人是非洲北部的土著居民。在阿拉伯人统治这片地区以前，柏柏尔人早已在北非生活多年。11 世纪在阿拉伯人初次遇到柏柏尔人时，曾经对他们的那种带有大量嘘嘘之声的奇怪语言感到困惑。14 世纪的摩尔著名学者伊本・克哈尔达姆在他的世界史专著里给予这些北非的土著以“柏柏尔人”的称呼。这个从阿拉伯语引申出来的词的意思就是：“一种无意义的混声发音。”

在阿拉伯人统治的数百年里，柏柏尔人被驱赶到了自然条件严酷的高山和荒漠地区。突尼斯是在摩洛哥之外柏柏尔人最多的国家。他们主要分布在东南部的达哈尔高原，从西北部的马特玛塔一直到东南部的利比亚边界。这一地区人烟稀少，景

地下窑洞格尔法

要塞式的地面多层土楼库苏尔

色荒凉，却保存了最完好的柏柏尔人传统窑土式民居——库苏尔和格尔法。

土窑是气候和自然地理条件的产物。达哈尔地区地处撒哈拉大漠边缘，常年干旱酷热。但罕见的暴雨却常常以突袭的方式不期而至。突发而来，又瞬间不见了踪影。来不及被滋润的焦土因此会被阵发的洪水裹挟流失，阵雨过后还是干得冒烟的大地。在这样的自然条件下应运而生的土窑有两种形式：一是坑壁式的地下窑洞格尔法，另一种是要塞式的地面多层土楼库苏尔。

格尔法是建在地下的洞穴式土窑。但是与传统的窑洞不同，它们不是在天然的山崖上掏凿出来的洞穴，而是在人工挖出来的露天大坑的四壁上掏建的窑洞。因此又被称为“天井式窑洞”。

马特玛塔村是这种天井式窑洞保存最好的地区。在建造天井窑洞时，人们先在山脚下挖出两三层楼深、直径一二十米的大圆坑。然后把大坑周围的土层夯实，再在垂直的内壁上掏出一圈多层的窑洞。下层窑洞是住房和厨房、羊圈，上层是储藏粮食、草料、椰枣和橄榄的仓库。居民从山坡上通过一条台阶下到坑底。这入口有时是一条直上直下的台阶，有时是一条横向的暗道。除了“主坑”外，有时还会有一些规模较小的次级小天井通过狭窄的小巷或者暗道与“主坑”相连，每个次级天井也都分别有各自的住户和院落。

严格地说，这种地下窑洞是开放式的半地下建筑。但它们仍然能很好地起到保温隔热的作用。在窑洞里的温度冬季保持在十五六摄氏度。即使在最热的夏天室内气温也可以保持在23～25摄氏度。

在马特玛塔村，一间“世界著名”的格尔法式旅店的主人埃里一个劲儿地邀请游人去他家留宿：“体验一下外星空间的感觉嘛。”他热切地说。

在这远离现代社会的撒哈拉小村庄里听到“外星空间”这

在建造天井窑洞时，人们先在山脚下挖出两三层楼深、直径一二十米的大圆坑。然后把大坑周围的土层夯实，再在垂直的内壁上掏出一圈多层的窑洞。

耗费巨资改建的《星球大战》天行者的家和周围的辅助设施被改造成了埃里经营的"世界著名旅馆"。

个词让人感到非常超前。但正是这个“超前”一下子穿越了时间的隧道，把人类遥远的过去与想象里的未来联系了起来，引起了好莱坞导演乔治·卢卡斯的注意。达哈尔地区荒蛮的自然景观和那里造型奇特的柏柏尔人传统民居格尔法正符合他的著名的科幻影片《星球大战》里外景的需要。于是卢卡斯把《星球大战》的主人公之一卢克·天行者的家安排在了马特玛塔村的一座土窑格尔法里。

在天行者随着《星球大战》的剧组离去之后，这座耗费巨资改建的格尔法和周围的辅助设施被改造成了埃里经营的“世界著名旅馆”。借着风靡世界的《星球大战》的名气，一些好奇的游客跑到这里来访古探奇。但是毕竟马特玛塔村地处偏远，周围除了荒凉的大漠也没什么其他值得观赏的地方，因此埃里的家庭旅馆虽然著名但生意却不红火。

对此埃里无奈地摊开两手说：“你们外国人来格尔法住一两天尝尝新鲜还不错。其实现在连我也不想住在格尔法里。这里除了凉快以外什么都不方便。现在还住在格尔法里的当地人大多是恋家的老人和盖不起新屋的人。”

“留着这间格尔法给游客参观只是我们挣钱的一种方法。”他说。

与藏在地下的格尔法不同，另一种经典的突尼斯传统民居库尔苏是建在地面上的。11 世纪，东方的阿拉伯人侵占了这片地区，并对土著的柏柏尔人进行了大屠杀，使他们被迫退到了深山里，并且修建起要塞式的村寨以自保。在后来的数百年里，这种民居形式逐渐适应了他们的半游牧式的生活方式。村民们每年要有好几个月在外放牧。在冬季里他们需要有安全的落脚的地方。他们的粮食和细软也需要固定的地方存放。库苏尔就成了他们选择的住宅形式。

突尼斯南部的塔陶乌尼是库苏尔式的土堡保存最多的地区。19 世纪以前在塔陶乌尼地区的一些较大的村庄曾有数百洞库苏尔。它们多以环形或者半环形排列，围绕成一个小广场。众多眼土窑相互为邻组成 3～5 层墙式窑洞，顶部的每间窑洞都有各自的拱顶。窑洞的小木门开向中心的小广场。

库苏尔的下层是居住的地方和牲口栏，上层储藏粮草。小广场是村民们日常交流和商品交易的地方。乡村之间来往的骆驼队也在小广场上歇脚和借宿。规模较大的库苏尔的占地可达六七千平方米。从外部看，库苏尔的外墙垂直，只留有一些小通气孔。有隐秘的通道作为库苏尔的入口。建在山上的库苏尔往往与四周土山混为一体，很难被外人发现。

库苏尔多以环形或者半环形排列，围绕成一个小广场。众多眼土窑相互为邻组成 3 ～ 5 层墙式窑洞，顶部的每间窑洞都有各自的拱顶。

与格尔法的命运相似，因暴雨等自然灾害的破坏和随着人们对更舒适方便的生活条件的追求，许多老旧的库苏尔都已经或者正在被废弃。现在已经很少有村民仍旧生活在库苏尔里了。在塔陶乌尼的格尔玛萨村，过去曾经有四千人居住在库苏尔里。但现在只有两三家人还在里面居住。其他人都在近十年里陆陆续续搬到了村子里新建的房子里去了。

现在格尔玛萨村规模很大的库苏尔群显得空荡荡的。如果不是集市的日子，除了一些手拿相机东瞧西看的游人和几个经营旅游纪念品的小棚子外，真正的当地人只是蹲在阴凉底下抽烟的老年人和无所事事的年轻人。一位现在还在库苏尔里居住并且开了一间小茶馆和旅游纪念品小店的格尔玛萨老村民说："村子里的年轻人都到外面去上学或者工作了。他们回来探亲度假时都不愿意住在这种缺电少水的老土窑里。这样落后的生活方式让他们感到沮丧。"

不过，被逐渐淘汰的老库苏尔毕竟是柏柏尔人祖辈居住的根。即使他们不再在那里居住了，不少人家还是利用那些老土窑作为仓库或者榨油小作坊。村民们在闲暇的时候也常常去库苏尔围绕的小广场上喝茶聊天。

"这儿不再是我们晚上睡觉的地方了。"那个老村民说："但还是我们的家。是我们每天都要来的地方。"

格尔玛萨村规模很大的库苏尔群显得空荡荡的。

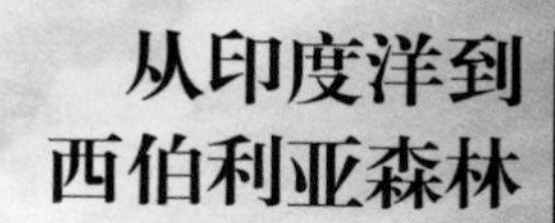
从印度洋到
西伯利亚森林
Chapter 3

克拉拉草船，漫游在印度洋的边缘
通克南，昂首起程的大船
吊脚屋，巴沃人的海上家园
卡车之家，装修不惜余力
卡帕多西亚，住进精灵的烟囱
西伯利亚木屋，严酷里的精致

克拉拉草船，漫游在印度洋边缘

船橹一下、一下，不紧不慢地在水里进进出出，成片的浮萍被拨开又缓缓地合上。篷船从高高低低的椰子树下静悄悄地划过。开阔的湖面森森淼淼。在目不可及的远方是印度洋深蓝的海水。

船东不太爱说话，我试着问了几个问题，他倒是一一回答了。但浓重的英语口音让我似懂非懂，于是干脆看着舷边宁静

开阔的湖面森森淼淼。在目不可及的远方是印度洋深蓝色的海水。

"克图瓦拉姆"在马来语里是"编织成的船"的意思，是一种靠人力和风力推动的草编篷船。

的水面冥想吧。

这里是印度次大陆西南部著名的克拉拉水洲，沿印度洋阿拉伯海东岸的一片 1500 公里长，面积有 200 多平方公里的水域。从陆地上一路流过来的 30 多条大小河流在这里入海。它们带来的泥沙沉积下来形成了大片的浅水湾、湖泊和沙洲小岛，河水与海水混合，水中盛产鱼虾，岸上是稻米之乡。在缺少公路和铁路的时代，水路是这一地区主要的交通方式，而"克图瓦拉姆"则是克拉拉水洲的经典。

"克图瓦拉姆"在马来语里是"编织成的船"的意思，是一种靠人力和风力推动的草编篷船。它们曾经是克拉拉水洲居民出行和货物运输的主要工具。一只克图瓦拉姆可以装载 30 吨的稻米，相当于三辆加重大卡车的运输量。在水网密布的水洲里，船只比车辆更容易到达各个角落，因此克图瓦拉姆的角色在当地的经济和社会发展中几乎是不可替代的。

从克拉拉南部盛产稻米的阿拉皮走水路到北部的著名港口科支一般需要三四天的时间。船主和家人因此要在船上过日子，克图瓦拉姆必须具备起码的日常生活的设施。由于这个原因，克图瓦拉姆逐渐演变成了“房子船”。船舱里有睡觉、休息的地方，还有生火做饭的简陋设备。

“小的时候跟着父亲运稻米去科支，来回要一个多星期。船上有米，水里有鱼。累了船舱里一躺就睡。热了就下水跟着船游耍一会儿。那时到了收稻子的季节这河道里船来船往可是热闹得很。”船东边摇橹边说。

“后来陆地上修建了越来越多的公路。汽车比船要快得多，大家都爱用卡车运稻了。我们家的克图瓦拉姆也改装上了马达，但在速度上还是没法与公路运输竞争。尽管我们船运的费用要比卡车低，但大家更愿意快一些。”

公路运输抢走了克图瓦拉姆的不少客户，但它们很快就找到了新的生路。克拉拉水洲是世界上少有的水上休闲胜地。辽阔宁静的水面、四通八达的运河网、多样化的水生动植物、一望无际的稻田、岸上风光旖旎的村庄和多彩多姿的文化传统为发展该地区的旅游提供了相当有利的条件。而乘克图瓦拉姆在宁静舒缓的风情里漫游，尤其是在船上休闲数日，是一种十分独特和难忘的体验。因此新型的克图瓦拉姆草篷船应运而生。

在传统的克图瓦拉姆的基础上，人们对它进行了酒店化的

乘克图瓦拉姆在宁静舒缓的风情里漫游，尤其是在船上休闲数日，是一种十分独特和难忘的体验。

改造。船身保持了传统的细长、尖头，约 20 米长、4～5 米宽。舱底铺上木板整平以增加可利用面积和便于行走，船顶相应加高。新型的克图瓦拉姆的船篷是它最有特色的部分，它由槟榔木或竹子搭成拱形支架，然后在上面用当地特有的椰衣麻搓成的麻绳编结成网，再用椰衣或者竹篾填充在网孔之间。用椰麻编织克图瓦拉姆的船篷是克拉拉的传统工艺。能工巧匠们用麻绳编结成具有民族风格的穹拱、弧形的门窗和美丽的格子船廊壁。所有这一切全部靠手工一点点编结，不需要一颗钉子。船篷编成以后，人们在上面要刷上一层腰果油，使船篷发出棕黄色的光泽，还可以保护船篷十几年不坏。

船东挺自豪地抚摩着自己草船精美的舷窗说："编造克图瓦拉姆可是门手艺。虽然它像女人编织一样是个细活儿，但好工匠都是男人。女人们在家里负责搓椰衣麻绳。"

船篷由槟榔木或竹子搭成拱形支架，然后在上面用当地特有的椰衣麻搓成的麻绳编结成网，再用椰衣或者竹篾填充在网孔之间。

船篷编成以后，人们在上面要刷上一层腰果油，使船篷发出棕黄色的光泽，还可以保护船篷十几年不坏。

这样精心编成的克图瓦拉姆如同一座精美的小型草编宫殿。在古色古香的穹顶下，不仅有宽敞的客厅、数间睡房和设备齐全的卫生间，有的篷船的顶上还编出一个小小的瞭望台。克图瓦拉姆上的生活设施齐全，每只船都有自己专用的蓄水柜通过管子与厨房相连。卫生间厕所的冲水马桶排水需要符合政府制定的净化标准，防止对河水的污染。

想不到在克拉拉水洲里竟有上千只篷船在漂荡着。尽管这里水域辽阔，这么多的篷船散布在其中也相当可观。一路上靠在编织的、很古典的窗口向外望，宁静的水面上总会有另一只或者更多的克图瓦拉姆的身影在不远不近的地方相伴。

一只篷船从旁边缓缓地划过。船顶上小小的竹编阳台上坐者一对亲密的年轻人。“乘克图瓦拉姆做蜜月旅行很时髦。在这大片宁静的水域里享受二人世界，哪里也比不上我们的草船浪漫。”

望着身边浩渺的水面和远近“漂浮”在水面上的小岛和长堤，我觉得这里很像陆地景色的翻版。在这里大面积的水面代替了地面，那些网一样长长的窄堤就是陆地上四通八达的道路。高出水面不过尺把的小岛就像陆地上的停车场。不过上面停放的不是汽车，而是房屋点点的小村庄。

克图瓦拉姆在洪泛区一样的大湖里静悄悄地缓缓而行，耳边只有马达轻微的嗡嗡声。水面上时不时地漂过来一团团的浮萍和水草。白鹭在水面上掠过，长腿鹭鸶像雕塑一样凝立在水里。一本导游手册里说克拉拉水洲是一片令人迷惑的地方。的确如此，驾船人没有地图，也不用水路图。我只知道我们在向北，而印度洋就在不太远的地方。

当克图瓦拉姆进入人口较稠密的运河网地区时，眼前又是另一番景象。大片大片绿油油的稻田里，身穿着五颜六色的民族服装的农民正在劳作。据说这片地区是世界上少有的“在海平面以下的稻田”。当地人沿海岸修筑了长堤保护着克拉拉邦

宁静的水面上总会有另一只或者更多的克图瓦拉姆的身影在不远不近的地方相伴

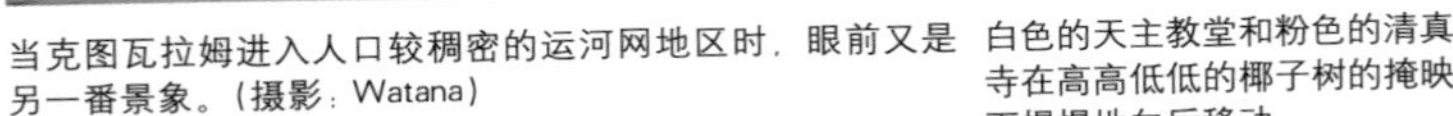

当克图瓦拉姆进入人口较稠密的运河网地区时，眼前又是另一番景象。（摄影：Watana）

白色的天主教堂和粉色的清真寺在高高低低的椰子树的掩映下慢慢地向后移动

的沿岸稻田不受海水的侵蚀。小型汽车在长堤上奔驰，白色的天主教堂和粉色的清真寺在高高低低的椰子树的掩映下慢慢地向后移动。堤岸边有许多载着蔬菜水果的小船和小渔船。

在河道边一个很热闹的菜场边船主泊船，带我上岸去看看。那些水灵灵的鲜花、水果和蔬菜新鲜得让人不知选什么好。最后我从一个女人那里买了一条很新鲜的鱼和几只大虾交给了船上的厨师。他正在厨房里忙着准备晚餐。如果游客打算在克图瓦拉姆上过夜，船上除了驾驶员外还会配有一名厨师负责一日三餐。船东和厨师都非常热情和好客而且彬彬有礼。

我们中午时分从位于南亚最大的淡水湖瓦姆巴那德湖畔、号称“东方威尼斯”的阿拉皮出发，穿过一条又一条村庄夹持的水道，漂过开阔无垠的大湖面，掠过成片的椰林。太阳逐渐西沉，茫茫暮色里各种水禽在忙着归巢。不远处的另一只克图瓦拉姆的船影渐渐变成了点点灯火。船工忙着点燃熏蚊子的蒿草。客厅里一顿丰富的晚餐在等待着我们。厨师准备了克拉拉的传统美食：油煎鲜鱼、咖喱虾、椰奶咖喱鸡、炸芭蕉和各种南亚的鲜果干果。

入夜，克图瓦拉姆停泊在水上，马达的嗡嗡声消失了。船身随着波浪在轻轻地荡漾着。月光如水，汽灯如火，天水如靛，万物寂静。克拉拉的克图瓦拉姆变成了一只在天水之间催人入睡的摇篮。

克图瓦拉姆在洪泛区一样的大湖里静悄悄地缓缓而行，克拉拉水洲是一片令人迷惑的地方。

通克南，昂首起程的大船

谈到屋顶，恐怕没有哪里的传统民居的屋顶会比托拉加人的船形屋顶更奇异醒目的了。这种屋顶的总高度比真正的房屋部分的高度至少要高两三倍。而且它只作为装饰用，没有任何实际的使用价值。因此在让人对它的外形感到惊叹之余又不免会觉得不可思议。

如果乘飞机飞越印度尼西亚的苏拉威西岛，在云雾缭绕的翠竹林山坡下最奇妙的景观是托拉加人的村庄。猛地一看，他们的村舍就像一排向着绿色的竹海扬帆起航的大船。那高高昂起的船头就是大名鼎鼎的托拉加人竹楼——“通克南”的屋顶。

苏拉威西岛位于印度尼西亚的中部，从面积上看它是世界第十大岛。托拉加人是岛上的土著居民。在他们的传说里，他们的祖先来自湄公河三角洲的柬埔寨。当年托拉加人的祖先在乘船漂洋过海来到这里的路上遇到了风暴，船只被损坏了。上岸以后，人们用残存的船体改建成了居住的房屋。从此他们的通克南便有了独特的船形屋顶。

托拉加人虽然在 20 世纪初被荷兰传教士感化信仰了基督，但在他们的骨子里仍或多或少地保留着对自己民族古老的原始

在云雾缭绕的翠竹林山坡下最奇妙的景观是托拉加人的村庄。猛地一看，他们的村舍就像一排向着绿色的竹海扬帆起航的大船。

崇拜。建房造屋，是托拉加人生活里非常重要的内容。从设计到建造和使用，每一个环节都贯穿着传统的信仰和习俗，有着各种各样的规矩和讲究。

他们说创世神普昂玛塔在天堂建造了第一所通克南，有四根立柱和民族织锦覆盖的屋顶。后来所有的托拉加人的房屋都是对创世神作品的模仿。因为北方是创世神所在的方向，通克南都是坐南朝北。而南方象征着死亡，是幽灵所在之处。通克南是一种高脚屋，三排结实的木桩拔地而起。它们的顶部与横梁以榫口咬合，共同托起上面的小木屋或小竹屋。

小屋子平常无奇，几乎被上面巨大奇特的屋顶压迫得不见了身形，就像一条大船坐落在一个小小的基座上面。船形的屋顶两头都向上翘起来，尤其是正面的“船头”高昂得几乎失去

最原始的通克南的屋顶翘得并不十分明显，但后来随着人们对它的特殊造型的强调和艺术夸张，它的船形屋顶越造越大，越昂越高，颇有翘不惊人死不休的意思。

了正常的比例。据说最原始的通克南的屋顶翘得并不十分明显，但后来随着人们对它的特殊造型的强调和艺术夸张，它的船形屋顶越造越大，越昂越高，颇有翘不惊人死不休的意思。

建造这样的巨型屋顶是一件相当复杂的工程，需要全家族人的共同努力。首先要用竹子搭起横七竖八的排架子，然后用藤条把竹檩子一层层地绑在架子上做出船的造型。与屋顶相反，房子的主体部分和支柱的建造却相对简单，常常是事先在别处预制出来。建造一座较大的通克南需要十个人花两三个月的时间才能完成。然后再用一个月的时间做油绘、木雕等外部的装饰。

托拉加人是自然崇拜的民族，他们没有本民族的文字，图案是他们代替文字的文化表达形式。在他们的房屋的内外装饰上强烈地表现出了这种文化。通克南的装饰以动植物图案为主，也有一部分描绘了人们日常的生活和劳动场景。在装饰图案中最常见的螃蟹、蝌蚪代表着人口的兴旺。四处蔓延的水草图案象征着子孙发达和家族兴盛。在房子的正面的上部他们用旭日来代表天堂，用公鸡来作为天堂与人间的联系。

水牛是托拉加人最崇拜的动物。在大门上和用来支撑屋顶的柱子上都会雕绘上牛头和牛角。除此之外，整个房子还用红、黄、白、黑等颜色绘上各种图案。这些五花八门、丰富多彩的图案和雕刻全都具有象征性的意义，代表了家族、社会、文化和人与自然的关系。

与外观上的华丽醒目甚至不可一世的霸气相对照的是房子内部的简陋和卑微。似乎房屋的面积都被船形的巨大屋顶夺走了，居室内部显得又窄又矮。不仅光线很差而且室内因为通风

水牛是托拉加人最崇拜的动物。在大门上和用来支撑屋顶的柱子上都会雕绘上牛头和牛角。

整个房子还用红、黄、白、黑等颜色绘上各种图案和雕刻，代表了家族、社会、文化和人与自然的关系。

通常通克南有三种等次不同的形式

不良、常年被烟熏火燎而更加黑暗陈旧。甚至现在不少托拉加本族人都不愿意住在这种老房子里。因此在现代，通克南越来越变成了一种传统文化的象征，从而逐渐失去了民居本来的意义。

“通克南”在托拉加人的语言里是“坐下来”的意思，指的是家族团坐在一起议事的地方。但是实际上由于通克南内部的狭小和黑暗，现在人们更愿意坐在露天休息和聊天，或者居住在新建的更舒适明亮的房子里。

然而这并不影响通克南在托拉加人生活中的重要地位。通常通克南有三种等级不同的形式。最高大显贵的是地方长官的官邸，因为要被用来召集全族或者全村镇人的集会，因此修得宽敞气派。第二种的主人是当地的旺族。他们的通克南的规模稍小但仍不失富贵和华美。第三类虽然也勉强可以归入通克南的行列，但它的主人是虽然有一些封地，但社会地位低下且比较贫穷的人家，因此他们的通克南显得比较简陋寒酸，有的甚至没有任何装饰。

但是如果有条件，这类通克南是可以扩建和增建，然后通过一定的仪式升级为更高级的通克南的。为此，一些贫穷人家的子弟常常外出去打工，把挣来的钱不断寄回老家，希望有朝一日自己家也能盖上一座更漂亮、气派的通克南。

置地盖房子，是中国农民祖祖辈辈的最大心愿。苏拉威西岛上的托拉加人不也是这样吗？那一只只扬帆起程的大船，会带着他们驶向兴旺发达的彼岸的。

那一只只扬帆起程的大船，会带着托拉加人驶向兴旺发达的彼岸。

吊脚屋，巴沃人的海上家园

游艇在蓝得令人心醉的大海中徘徊，透明的海水中荡漾的银白色珊瑚礁浅滩，水中有五颜六色、四处游弋的美丽珍奇的海洋生物。远处，几座孤零零的高脚小篷屋升起在海面上。它们细长的木脚就像伫立的鹭鸶。一只巴沃人的小船在水上划过，游艇上的人纷纷举起了手中的相机。

这里是巴沃人的家园。他们安静地生活在大海的深处，几百年来是人类中最默默无闻的一群。随着近年来马来西亚和菲律宾等国旅游业的发展，他们独特的生活方式越来越引起世人的注意，摄影师们也用自己的镜头向人们展示了世界上最具浪漫风情的民居——巴沃人的水上茅屋。

巴沃人祖辈以打鱼为生。但他们不是普通意义上的渔民，因为除了以捕鱼为目的的海上劳作外，他们的生活也全部都在海上，是真正的海洋之子。巴沃人的孩子出生在海上。他们的一生都驾小船在大海上流浪，随时在珊瑚礁盘上落下自己栖身的茅屋，因此被称为“海上的吉普赛人”。

与他们的海上家园相比，巴沃人对陆地是另一种感情。陆

摄影师们用自己的镜头向人们展示了世界上最具浪漫风情的民居——巴沃人的水上茅屋。（摄影：Urey）

地是他们获取淡水和死者安息的地方。因此巴沃人对陆地的拥有只是一口水井和一小块墓地。妇女们即使在漫长的雨季里也坚持在湿漉漉的船板上做饭，从不会想到去陆地上找块干燥的地方点起炊烟；孩子们经常要上岸去寻找淡水，但却不会在陆地上多作停留；老人们只有在觉得自己病入膏肓的时候，才会让亲人们在一处小岛上搭个窝棚，在里面等待死亡的到来。

巴沃人是没有陆地的拥有权的。只有大海可以让他们自由地游弋。以前，载着他们四处漂流的小船"里帕—里帕"就是他们的家，是他们一代代生息繁衍的地方。如今，完全以"里帕—里帕"为家的巴沃人已经非常少了。他们更多的落脚之处是近海岸的浅滩上搭起的水上茅屋。虽然陆地权的限制剥夺了

将从红树林里砍伐的树木枝干固定在礁盘地基上，成为一根根木桩。待到潮水回升水位提高了，再把另一些木棍或木板铺在木桩上面。然后用苇席细树枝将四壁围起来，把芭蕉叶子盖上屋顶，一座简陋的茅屋便出现在海面上了。

巴沃人上岸建屋的权力，但太平洋珊瑚礁大三角辽阔的海域上有数不清的小岛和珊瑚礁盘浅滩，为他们提供了建造遮风挡雨的小茅屋的地方。而岸边的红树林和涨落的潮水则为建屋提供了材料和方便。

在落潮时，珊瑚礁盘上的海水非常浅，他们很方便地就可以将从红树林里砍伐的树木枝干固定在礁盘地基上，成为一根根木桩。待到潮水回升水位提高了，再把另一些木棍或木板铺在木桩上面。然后用苇席细树枝将四壁围起来，把芭蕉叶子盖上屋顶，一座简陋的茅屋便出现在海面上了。

巴沃人的水上茅屋极为简陋，除了屋脚下木桩上拴着的小船和屋子里少许做饭吃饭的家什，几乎到处透风、家徒四壁。唯一可以给他们温暖的是天赐的阳光和热带气候。马来西亚的沙巴州的意思是“台风绕过的地方”，每年横扫菲律宾的台风都刚好从这片海域的北边掠过，很少触及这里，这也让海上吉普赛人有一个相对安稳的海上环境。

尽管茅屋简陋粗糙，甚至看上去摇摇欲坠，但在外人的眼里它们身处美丽的大海的怀抱中，看起来却像一个个世外桃源。

较集中的巴沃人水上村寨通常建在陆地或岛屿的岸边浅滩上，从陆地伸向海中。数座茅屋组成一群，其间用简陋的木板栈桥连接各家。建屋的材料因各家的经济情况不同而不同，有钱的人家去市场上购买木板，没钱的人家到岸边红树林里采伐些树枝木棍，加上自己编织的苇席芭蕉叶和捡来的铁皮和塑料布。

走进马来西亚海滨的巴沃人高脚屋群里，一条湿漉漉栈桥连接起各个茅屋。每座茅屋的主体是一间连通的大屋。里面有竹床等最基本的生活用具，但更多的时候人是直接睡在地板上的。大屋后面搭出一个露天的台子供日常劳作。每家的屋脚下都有小船作为来往于村寨各处的交通工具。

见到有外人走进了高脚屋村子里，一大群孩子很快就围

一条湿漉漉栈桥连接起各个茅屋。每座茅屋的主体是一间连通的大屋。里面有竹床等最基本的生活用具，但更多的时候是人直接睡在地板上的。

孩子们并不在意拥挤、简陋和破旧的茅屋、杂乱和肮脏的环境。整天无忧无虑地在茅屋下的海水里嬉戏打闹。（摄影：Urey）

了过来。他们吵吵嚷嚷、兴高采烈。孩子们浑身晒得黝黑，胆小点的躲在草屋的窗子后面羞怯地往外看；不害羞的扑通扑通地跳进海水里，争着向游人表演自己的水上技术。巴沃的男人们日出驾船出海打鱼，妇女在家操持家务或者在附近的海水中打捞贝壳和海藻。孩子们似乎并不在意拥挤、简陋和破旧的茅屋、杂乱和肮脏的环境。整天无忧无虑地在茅屋下的海水里嬉戏打闹。

尽管这些生活在岸边的水上村落里，靠打鱼和在城镇打工为生的巴沃人生活清苦，但因为他们拥有合法身份，所以生活尚有一定的保障，他们的孩子也或多或少有上学的机会。但是那些真正流浪的海上吉普赛人完全依照传统的生活方式，居无定所，以大海为家，以捕鱼为生，却都生活在社会的底层，处于无人关心，受歧视的地位。

当地的居民认为他们无知、卑贱、肮脏和不可信，几乎所有的人都可以对他们嗤之以鼻。因此这些人只能在本地巴沃人的水上村寨的边缘搭起自己临时的茅屋住下来。由于他们没有合法身份不能上岸打工，孩子们也无上学的权利，所以只能靠海上的有限收获果腹。

可悲的是，在追逐纯粹的自然风光的美丽的摄影师的相机中，那些代表着浪漫风情、孤立在远离尘世的珊瑚礁上的高脚篷屋，也往往正是这些无权定居在陆地上，甚至在本地的巴沃水上村寨也不受欢迎的最下层的巴沃人家。

在摄影师的相机中那些代表着浪漫风情的高脚篷屋，也往往正是最下层的巴沃人家。（摄影：Urey）

卡车之家，装修不惜余力

头一次见到这种“装饰到牙齿”的巴基斯坦卡车是在从塔什库尔干去红其拉普山口的公路上，顿时被它五彩缤纷的颜色和琳琅满目的饰物而惊得目瞪口呆。这哪里是风尘仆仆长途跋涉的运货卡车，它分明像个打扮得让人眼花缭乱，准备去选美的印巴美女。

只见那巍峨的雪山高耸在车头之上，神灵在蓝天白云里飞翔。鲜花盛开在车窗的四周，诗句在花丛中流淌。英雄美女在向人们微笑。随着行驶，彩带飞舞，金属饰片叮咚作响，似乎创作者所有能想象出来的美全都被毫不吝啬地堆积在了这不过几十平方米的卡车外壳上了。

后来才知道这花里胡哨的大卡车并不是某位司机的标新立异。在巴基斯坦有成千上万辆这样的花卡车在这个国家的公路网上奔驰着。

巴基斯坦地形南北狭长。南临印度洋阿拉伯海，北接喜马拉雅山脉，印度河谷平原在中央将巴基斯坦的南北连接起来，是这个国家南北交通的大动脉。每天有大量的货物从阿拉伯海滨的重要港口卡拉奇运到巴基斯坦的全国各地。而担任运输任

这哪里是风尘仆仆长途跋涉的运货卡车，它分明像个打扮得让人眼花缭乱，准备去选美的印巴美女

务的大多是公路上的卡车。

卡车司机常年远离家人在公路上奔波。他们生活在卡车上的时间比在家里的时间长得多。颠沛流浪生活造成了他们无拘无束的生活习惯。卡车成了他们远离的家的代用品，不仅是居所而且是家中赖以生活的一切，还是生存中的伴侣。像蜗牛永远驮着自己的家一样，司机驾驶着他们的家走南闯北。而对这个永不离身的家，他们倾心倾囊地装修打扮。没有最美，只有

每天有大量的货物从阿拉伯海滨的重要港口卡拉奇运到巴基斯坦的全国各地，而担任运输任务的大多是公路上的卡车。

更美。

卡车司机对自己的“家”的热爱催生了巴基斯坦的一个特殊行业——卡车装饰业。印度洋之滨的港口城市卡拉奇是这一行业最集中的地方。有 1400 万人口的卡拉奇竟有 5 万多人从事这个行业。云集在卡拉奇公路旁简陋的家庭手工作坊里，工匠们在横七竖八堆满装饰材料的空地上按部就班地工作，培养着新的学徒。

刚送来的卡车是只有底盘和驾驶舱的“空壳”。艺人们要按照车主的要求为车头和车厢搭起支架，在上面装上雕刻着精美图案的木门、红红绿绿的塑料外壳和车厢挡板。然后在上面一道一道地着色并描绘出各种图案来。很多情况下还要再装上可以在行驶时发出悦耳声响的金属片和铁索链和用闪闪发光的细金属线和丝织物织成的流苏。

驾驶舱是司机一天 24 小时待的地方，自然也要装饰得五彩缤纷。从顶篷到脚下，方向盘、离合器和各种仪表，全都一寸不落地装饰起来。座位上少不了有精美刺绣的坐垫、五颜六色的锦缎靠垫、花里胡哨的挂饰、设置在四处的小镜子和反光板，就像新娘的花轿一般艳丽。各种各样的装饰甚至占去了部分车窗，把驾驶室的窗户遮挡成就剩下窄窄的一条。

在图案的形式和种类上，可以是理想和梦幻里的美丽景物，巍峨的雪山、鲜花盛开的草原、世外桃源般的村庄；也可以是历史上的传奇人物、现实社会里的名人、影视明星、宗教领袖，或者是神话传说中的鬼神。诗歌和书法也是很常见的装饰。随着全球化经济的发展和西方文化的影响，近年来在巴基斯坦的传统卡车装饰上越来越多地出现了西方文化中的内容，比如希腊神话中的人物、蒙娜丽莎的画像和已故英国王妃戴安娜的头像，等等。

卡车司机对自己的“家”的热爱催生了巴基斯坦的一个特殊行业——卡车装饰业，云集在卡拉奇公路旁简陋的家庭手工作坊里。

在图案的形式和种类上，可以是理想和梦幻里的美丽景物，也可以是历史上的传奇人物，现实社会里的名人，神话传说中的鬼神。诗歌和书法也是很常见的装饰。

驾驶舱也装饰得五彩缤纷。从顶篷到脚下，方向盘、离合器和各种仪表，全都一寸不落地装饰起来。

在卡拉奇尘土飞扬的近郊，到处是大小卡车装饰作坊。除了在低头忙碌的工人外还有一些无所事事的男人在四处溜达。他们不断地对正在装饰的卡车评头论足，工匠们似乎很在意这些闲人的意见。他们就是卡车的主人。在巴基斯坦，卡车运输公司一般允许司机按自己的审美观装修各自的卡车。当然费用也要他们自己承担。

卡车装修费用十分昂贵，但司机们对此很舍得。许多卡车车主花在装饰自己卡车上的钱要比花在家里房屋上的钱还多。来自北方白沙瓦的小伙子哈桑在卡拉奇花了 35000 美元买了辆卡车的底盘，马上就把它开到了附近的一个卡车装修厂里。在那里哈桑还要再花 2500 美元和两三周的时间给自己的卡车来一次美容。哈桑觉得这美容很值得做。他说："那么多人花钱去买昂贵的衣服首饰。我的卡车当然也需要花点钱穿上漂亮的新衣裳。"

一辆卡车装饰工序一般需要 6～10 周的时间。在此期间，司机不能出车，当然也没有收入。于是他很自然地成了装饰作坊的一个临时家庭成员，与作坊的工人们吃住在一起，观赏艺人们的操作，评论他们的手艺，提出自己的改进意见。从一辆卡车的外观装饰上，人们不仅能够区分出它来自哪个地区，属于哪一个运输公司，而且可以清楚地看到司机的宗教信仰、人生态度、个人喜好和感情。

这些像蜗牛一样驮着自己美丽的“家”的巴基斯坦司机，在欢畅优美的印巴歌舞音乐的伴奏下，经年累月奔驰在巴基斯坦的城镇乡村，行驶在古老的丝绸之路，甚至穿越巍峨的喀喇昆仑山口，到邻国去长途运输。

有家在身边相随相伴，他们还有什么去不了的地方呢?

像蜗牛一样驮着自己美丽的“家”的巴基斯坦司机经年累月奔驰在巴基斯坦的城镇乡村，行驶在古老的丝绸之路，甚至穿越巍峨的喀喇昆仑山口，到邻国去长途运输。

卡帕多西亚，住进精灵的烟囱

安都斯·埃姆格博士是我在一个偶然的机会中结识的。这位德国学者是一个卡帕多西亚迷。多年前在他做学生的时候曾经为写论文到那里考察，从此迷上了那片神奇的土地。后来他干脆在那里定居，还娶了一个当地的姑娘为妻，一心一意地研究起卡帕多西亚来了。去卡帕多西亚旅游，埃姆格博士自然就是我最好的向导。

卡帕多西亚位于土耳其的腹地，是一片大约 10 万平方公里、平均海拔千米的内陆高原。它是数百万年前一次又一次火山喷发留下的遗产。每次强烈的喷发都会在地表留下厚厚的火山灰。在漫长的时间里，火山灰被不断地压积，成为了几百米厚的凝灰岩层。

随着表层熔岩的冷却，地表的岩层出现了大量的裂缝，地表水沿裂缝渗入，把深层的松散岩层很快地削切出千沟万壑。在表层缺少坚硬的岩层保护的地方，下面的凝灰层崩塌了。而在有坚硬的玄武岩层保护的地方，下面的凝灰层得以保存，被水切割成了一根根相互分离的石柱，进而再继续被风化成为尖锥状。

凝灰层被水切割成了一根根相互分离的石柱，进而再继续被风化成为尖锥状。

这一地区既缺乏树木又没有坚硬的石头等传统的建筑材料，但得天独厚的凝灰岩土正是建筑洞穴式的民居的绝好材料。凝灰岩多空松软，只要挖开相对坚硬的表层以后，不需要什么特殊的工具就可以相当容易地挖掘掏洞。于是无论是山崖还是那些奇形怪状的尖锥形石柱都成了人们修建洞穴建筑的场所。

人们在这种山岩上挖掘时不用事先设计，不用考虑屋顶、柱子等支撑结构，几乎完全可以随意设计建筑。一般来说两个有经验的工人用 20 天的时间就可以掏出一间 2 米高、20 米见方的房间。

人们还在窑洞里挖出门窗、从上到下凿出楼梯逐级而下，建成多层的“楼房”。凝灰岩除了易开凿外，还有良好的热绝缘特性。卡帕多西亚地处内陆高原，夏季干热冬季湿冷。在凝灰岩窑洞里居住，冬暖夏凉。夏天窑洞里的凉爽与室外的干热

不论是山崖还是那些奇形怪状的尖锥形石柱都成了人们修建洞穴建筑的场所。

形成了鲜明的对照。冬天只要在窑洞里生上一会儿火就可以供室内长时间的取暖。

在卡帕多西亚的窑洞民居里不仅有卧室、厨房、酒窖，甚至还有牲口棚。为了躲避战乱，许多居民还在尖锥形石柱的顶部修了藏身所。人在竖井里用梯子登上顶部的密室以后撤掉梯子，再盖上顶盖，可以凭借密室里预先储藏的食物与水坚持好几天。

当年土耳其军队在征战途中路过卡帕多西亚时，看到这样奇形怪状的石柱里竟然住着人，不胜惊讶，便给它们起了个独特的名字——“精灵的烟囱”。

卡帕多西亚被土耳其人占领以后，因为游牧民族居住方式的不同，土耳其人在一开始还是在“精灵的烟囱”边上搭起自己的帐篷驻扎。不久，他们发现了洞穴住宅冬暖夏凉的好处，也开始修建自己的窑洞。不过与定居民族的住宅大间套小间、卧室厨房齐全的形式不同，土耳其式的窑洞保留了游牧民族的特点，窑洞大都修成了一个帐篷一样的大厅。

为了把多年的研究结果落到实处，埃姆格自己动手造了一个“精灵的烟囱”——土窑式家庭旅馆。自从卡帕多西亚的旅游开发以来，“精灵的烟囱”也变成了当地人赚钱的工具。各种各样的“土窑旅馆”纷纷出现了。

不过，埃姆格对此颇有微词：为了吸引游客，一些人用所谓的“传统建筑”做幌子来哗众取宠。他们从一百多公里外运来石料，以夸张的手法和粗糙的做工模仿土耳其和希腊的建筑风格，破坏了这个地区每个村庄原有的风格。

的确，对于那些对卡帕多西亚的历史和文化不甚了解，只

〝精灵的烟囱〞变成了当地人赚钱的工具。各种各样的〝土窑旅馆〞纷纷出现了。

窑洞式的鸽子笼是卡帕多西亚的一个独特的景观。人们常常在光秃秃的山崖上见到一排排多层的“鸽子窑洞”。

是来猎奇的游客来说，没有多少人分得清古希腊古罗马拜占庭或者土耳其建筑风格的区别。这让那些不伦不类的四不像也举起了“精灵的烟囱”的牌子。

埃姆格建议我去看看山崖上的“鸽子窑洞”:“那也是卡帕多西亚特有的建筑。”

窑洞式的鸽子笼是卡帕多西亚的一个独特的景观。人们常常在光秃秃的山崖上见到一排排多层的“鸽子窑洞”。它们是方形的小洞，四周用不同的颜色标志，装有木头或金属的栏杆。在鸽子洞里有专门孵化用的单间和供鸽子栖息的木架。这些山崖上的鸽子洞往往通过狭窄的石阶暗道才能到达。

除作为理想的建筑材料之外，凝灰岩还为卡帕多西亚的居民提供了良好的农耕条件。火山凝灰岩本来就含有丰富的矿物质，当地人又把本地盛产的鸽子粪与细沙般的土壤混合起来，使土壤变得更加肥沃。饲养鸽子在卡帕多西亚有悠久的历史。鸽子粪是当地农业肥料的主要来源，鸽子也因此有着相当神圣的地位。在古代无论是鸽子还是鸽子蛋都是禁止食用的。

除了山崖上的奇异穴居，在卡帕多西亚地区还发现了大量的地下穴居。它们大部分建于古罗马时代，主要作为当地人躲避战乱的藏身所。它们多由一条秘密的暗道通向地下，在暗道的两侧藏有暗穴。里面的人在必要时可以推出大石头阻挡敌人的入侵。在暗道的上方修有暗孔，平时通风用，有入侵者时人们可以从上面泼下热油来袭击敌人。

地下穴居就像庞大的蚁穴群。有时可以深入地下七八十米，高达十几层。每层都可以独立关闭，入口用磨盘石挡住。外人从外面很难想象到在这个不起眼的小洞背后藏着四通八达的地下城。里面既有藏身和屯兵的地方，又有储藏室、牲口棚和水井，甚至还有教室和祈祷室。更令人惊奇的是卡帕多西亚地区很多地方都发现了这样的地下城，据说它们的总体规模甚至比地面上的村落还要大，足以供卡帕多西亚所有居民藏身之用。

“你是不是觉得这样庞大的地下洞穴群藏在地下有些不可

地下穴居就像庞大的蚁穴群。有时可以深入地下七八十米，高达十几层。

思议？”埃姆格问我。

“不错，当时人们真的住在这里吗？”

埃姆格说：“这座庞大的地下城没有‘精灵的烟囱’的名气大，但是它更神秘，它的修筑目的引起了人们的好奇猜测。甚至有人认为它们是外星人的作品。”

不过根据埃姆格博士和同事们对地下城的结构设施和曾经使用的痕迹分析，发现这些地下的洞穴群在当年并不是人们长期居住的理想场所。尽管设施齐全，但低温潮湿、不见阳光。因此多数人认为卡帕多西亚地下城只是当时人们躲避战乱和屯兵的临时场所。

有人提出了“特洛伊木马”之说：6～8 世纪，拜占庭曾经屯兵于卡帕多西亚，以抵抗波斯和阿拉伯军队的不断骚扰。地下城很可能在当时作为重要的屯兵地。当进犯的敌人在地面上走过去以后，地下隐蔽的军队突然从地道里冲出来，可以与正面抗敌的友军前后夹击敌人。

几千年来，卡帕多西亚地区是各种民族和宗教冲突的焦点，历史极为错综复杂。无论神秘的地下城里到底发生了什么故事，有一点是可以肯定的：这种地下的洞穴是良好的储存库。肥沃的土壤让卡帕多西亚盛产水果和蔬菜。从古到今卡帕多西亚人一直在地下洞穴和家里的洞穴里储藏当地盛产的杏子柠檬等水果和粮食。据说在那里储存的种子在几十年以后仍可以发芽。

“精灵的烟囱”是一种并不罕见的地貌。在地球上许多有着类似的地理条件的地方都可以见到这种奇异的景观。然而它们却难以与卡帕多西亚的“精灵的烟囱”相媲美，正是几千年人类生活留下的蜗居，让卡帕多西亚的“精灵的烟囱”的美有了灵魂。

正是几千年人类生活留下的蜗居，让卡帕多西亚的“精灵的烟囱”的美有了灵魂。

西伯利亚木屋，严酷里的精致

西伯利亚的初秋，白桦树金黄色的树叶早早就变得稀疏了。四处更加空旷，伊尔库斯克的街道也显得更宽了。虽然市中心的车水马龙与俄罗斯的大都市里不相上下，在那些苏维埃式的老式楼房和现代化的高楼大厦的背后，却总有一些少有人光顾的角落。在那里，时光仍停留在两百年前。那里是伊斯巴

伊斯巴在俄语里是传统的圆木小屋，过去它们是西伯利亚乡村最常见的民居。

典型的伊斯巴有一个木栏围起来的院落，院子里有主人居住的木头平房和另外搭建的杂物间、牲口棚和鸡窝。

的世界。

伊斯巴在俄语里是“传统的圆木小屋”的意思。过去它们是西伯利亚乡村最常见的民居。典型的伊斯巴有一个木栏围起来的院落，院子里有主人居住的木头平房和另外搭建的杂物间、牲口棚和鸡窝。俄罗斯圆木小屋的特点是它几乎是用未经任何处理的树干作为建筑材料。建房的工具也只是最原始最简单的斧头和砍刀，甚至连锯子也不需要。

在树木被砍倒以后，用砍刀削去树皮，待木头自然风干以后在每段树干的两端用斧头砍成尖头或者方头，做成楔状，然后相互嵌接起来。在建屋的过程中完全不用钉子，全凭木头之间的相互咬合。用这种原始的方法造出来的房子自然十分粗糙，有不少缝隙，于是人们就用泥巴把木头之间的缝隙堵了起来。

屋子建好以后，人们还要按照风俗在屋子四角的下面埋上乳香、羊毛和钱币。据说这可以保佑主人一家健康富裕。

小木屋虽然在整体上简陋粗糙，但在它的外部装饰上却十分讲究。稍有条件的人家都会在窗框的四周和房檐下装饰上木头雕刻出来的花边。这些花边雕刻得像剪纸一样精美，还常常被刷上与原木不同的鲜艳颜色。它们把平平常常的小木屋装饰的像一件美丽的工艺品一样，给予了西伯利亚圆木小屋最与众

小木屋虽然在整体上简陋粗糙，但在它的外部装饰上却十分讲究。稍有条件的人家都会在窗框的四周和房檐下装饰上木头雕刻出来的花边。

不同的特色。

在木头房子的内部同样陈设简单。最引人注目的是房子中央的俄罗斯大炉灶。在俄罗斯人的传统生活里，木头房子里的大炉灶是一个非常重要的角色。在日常生活里最基本的要素——温饱都要依赖这个大炉灶。在漫长的西伯利亚寒冬里，大炉灶是供给一家人温暖的唯一设施。为了达到最长时间保暖的需要，大炉灶的烟道都修成长长的迷宫样。这样可以最大限度地加热烟道的砖壁。必要的时候人还可以直接睡在炉灶上，相当于我国北方的火炕。在炉灶上还修了可以让一个成人躺进去的大木盆用来洗热水澡。据说在卫国战争中，这种炉灶上的大木盆曾经帮助居民藏身，躲避纳粹的搜捕。

除了取暖以外，人们用炉灶烤面包、制作酸奶等食物。用俄罗斯大炉灶烧出来的食物有独特的风味。有名的俄罗斯烤奶就是把鲜奶煮沸以后放进炉灶里用微火闷上七八个小时而制成的。在长时间的加热过程中，牛奶中的乳糖和乳酸蛋白发生作用，在牛奶的表面形成了一层黄色的硬皮，带有焦糖的香味，风味十分独特。

伊尔库茨克是西伯利亚地区传统木头建筑最集中的城市。除了在市中心的大街两侧可以见到不少木头建造的店铺和两三层楼房外，在它的老城区比较偏僻的地段更有许多地道的伊斯巴。但当地人似乎对他们传统的老伊斯巴不太留恋。许多老木屋都因为年久失修而变得破败。

走在静悄悄的老城区，气氛冷清。不少老木屋不像还有人居住的样子。它们木质发黑、装饰残缺、门窗不整。有几座木楼不知什么原因下陷进地里半米多深。曾经很精美的木雕窗子竟像门一样趴在地上。在相机的镜头里这些祖父级的西伯利亚木屋另有一种凄凉的魅力。

西伯利亚明媚的秋阳让老迈破旧的伊斯巴们有了些许生气。像是为了表示生活仍在这里继续，一个赤膊的男人从一座伊斯巴里走出来，在小院里的一个压水井边吱纽吱纽地打水。我才发现在这片破败的住宅区的路边上有好几个老式的压水井。在号称是西伯利亚地区最大的城市里，这样的住宅区倒是原汁原味。

200 年前，伊尔库斯克给自己了一顶挺奢华的桂冠——“西伯利亚的小巴黎”。据说是因为这座城市宽阔的大街和布尔乔亚式的建筑。而在我看来最主要的，是给伊尔库斯克冠名的那

当地人似乎对他们传统的老伊斯巴不太留恋。许多老木屋都因为年久失修而变得破败。

在相机的镜头里这些祖父级的西伯利亚木屋另有一种凄凉的魅力

沃尔克恩斯基之家是十二月党人留下来的木头房子的代表作

群人——俄国十二月党人。

19 世纪初，俄罗斯受到欧洲启蒙思想的影响，自由主义思潮流行。一批希望社会改革的上层人士和军官趁沙皇亚历山大一世驾崩之际，于 1825 年 12 月 14 日在彼得堡的元老院广场发动起义。但是起义遭到了新沙皇尼古拉一世的军队的镇压而失败。大批的十二月党人被判刑，流放到西伯利亚。贝加尔湖畔的伊尔库茨克成了这些流放者最集中的地方。

十二月党人的成员当中，除了贵族成员和军队的高级军官以外，还有许多有自由主义思想的知识分子和艺术家。这些人的到来给偏远的小村庄伊尔库茨克带来了别样的生机。他们的彼得堡上流社会的生活方式和布尔乔亚的作风给伊尔库茨克留下了深深的印记。

从彼得堡的豪宅被流放到西伯利亚的穷乡僻壤，他们不得不就地取材建造只有农夫才住的圆木小屋。但是俗话说“瘦死的骆驼比马大”，这些贵族们建造的木头房子也比传统的圆木小屋更大和更有派头。在伊尔库茨克现在还有不少当年十二月党人留下来的木头房子。其中一间被称做“沃尔克恩斯基之家”的木房子是它们的代表作。

现在，俄罗斯传统的圆木小屋在伊尔库茨克的水泥丛林包围中，因破败、逐渐消失而被请进了博物馆。这倒为寻找俄罗斯乡村风情的人留下了机会。在离伊尔库茨克 40 多公里的地方，有一个塔尔基露天传统民居博物馆，这里集中了一些因在

它们保持着俄罗斯传统木建筑的原貌，是 17 ～ 19 世纪的圆木建筑的精华。

塔尔基露天传统民居博物馆集中了西伯利亚风格的民宅、乡村学校、小教堂等。

20 世纪 60 年代建筑水坝而拆迁的木建筑，包括了西伯利亚风格的民宅、乡村学校、小教堂等。它们保持着俄罗斯传统木建筑的原貌，是 17～19 世纪的圆木建筑的精华。人们在这里重温了两三百年前贝加尔湖地区人们的生活场景。

不过伊斯巴并不只有在博物馆里才有立锥之地，它们仍在西伯利亚莽莽的原始森林里的各处真实地存在着，为主人遮挡着风雪严寒。

TITICACA

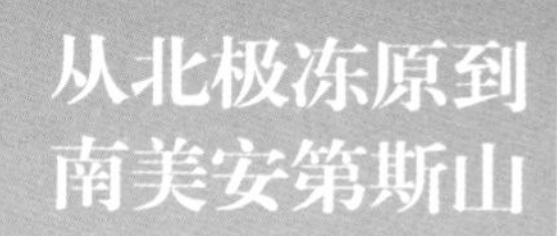

从北极冻原到南美安第斯山

Chapter 4

伊格鲁，爱斯基摩水晶宫
乌阿川鬼村，开拓者曾经的家园
室外楼梯，蒙特利尔的独特风情
桑波多，住进监狱之城
法沃拉，高悬在天堂上的“地狱”
的的喀喀芦苇屋，漂荡在安第斯山之巅

伊格鲁，爱斯基摩水晶宫

加拿大的魁北克城西北 40 多公里的地方有一片叫德什内的森林。每年冬季的几场大雪之后这里便成了一片林海雪原。在这如同世外桃源般宁静的山林湖畔，有一座晶莹剔透的水晶宫，它就是闻名遐迩的魁北克冰酒店。

新雪垒成了酒店外墙内壁和屋顶，冰块雕刻出大厅和客房里精美的家具。

这座占地面积3000平方米的特殊酒店是真正大自然的结晶。15000千吨洁白的新雪垒成了酒店高达5.4米的外墙内壁和屋顶，500吨晶莹的冰块雕刻出大厅和客房里精美的家具。桌椅床柜、壁炉廊柱，酒吧中的吧台高脚凳甚至鸡尾酒的酒杯，每一件都是令人赞叹的艺术品，而整个酒店则是一件美轮美奂的冰雕雪刻的艺术博物馆。

我们慕名而来，像参观真正的艺术博物馆一样在迷宫似的冰雪厅廊中观赏里面的小教堂和冰酒吧，以及各种精雕细琢的冰雕艺术品，细细观赏一件又一件墙上洁白的雪浮雕、大厅里晶莹的冰雕柱，在铺着兽皮的冰座椅上小坐，在闪烁着五光十色的冰酒吧里品尝冰酒杯中的鸡尾酒，并且与其他游客一起亲自动手雕琢出自己的冰雕艺术品。在高大的冰雪教堂里，不久以前一对来自墨西哥的新人刚在这里举行了婚礼。

这座冰酒店是一座拱顶式的巨大雪包。从外表上看虽然不起眼，但内部的雪廊四通八达。客房分布在雪廊的两侧，每间客房里都用不同的主题艺术冰雕和雪浮雕装饰，每一间都堪称一间小型的水晶宫。酒店前台的服务员在交给我象征性的房间钥匙时说："你的房间里还有一个惊喜呢。"

我怀着好奇撩开自己房间的门帘，只见房间里房中套房，中央还有一间晶莹剔透的小冰屋——伊格鲁。今晚我将在大名鼎鼎的伊格鲁里过夜了，这将是一次不平常的经历。

伊格鲁是加拿大东北部土著因纽特人特有的冬季住宅。在

冰酒店是一座拱顶式的巨大雪包，内部的雪廊四通八达，客房分布在雪廊的两侧。

除了冰雪以外没有其他任何东西的极地冰天雪地里，伊格鲁是因纽特人最好的避寒安身之处，而它的建造过程并不是太难。

首先找一块已经被严寒冻硬的雪地。从地面挖出雪块作为雪砖。然后就地在四周用雪砖垒出一圈雪墙。雪砖被不断从地上挖出来加垒到四周的雪墙上去。中央的地面一点点凹下去，而四周的雪墙一点点加高，靠左右雪砖间的相互挤压支撑，并逐渐向内合拢，形成一个没有任何支柱的穹顶。最后在穹顶的中央留下一个洞。这里是安放顶砖的地方。顶砖的雪块要比顶洞稍大，当顶砖被固定进洞里以后，它就把四周所有的雪砖全部紧紧地挤在了一起形成了一个结实的整体。最后再用雪把砖缝堵塞起来。

在伊格鲁的内部，利用热空气上升、冷空气下降的原理。人睡觉的地方修得都比较高。同时在靠门的地方挖一条更低的沟，以便让冷空气沉积在那里。雪是很好的保温材料。因此在外面狂风呼啸、零下三四十摄氏度的严寒里，伊格鲁里的气温可以保持在零下 10 摄氏度以上。对于祖辈在极地生活，抗寒

只见房间里房中套房，中央还有一间晶莹剔透的小冰屋——伊格鲁。

在除了冰雪以外没有其他任何东西的极地冰天雪地里，伊格鲁是因纽特人最好的避寒安身之处。

能力很强的因纽特人来说，这个温度已经不算冷了。但是对我们这些不适应北方的严寒，又习惯了现代化取暖条件的人来说，要在零下 10 摄氏度的气温里睡一夜可不是太好玩的事。

酒店里 40 多间客房，每一间都风格各异、独具匠心，每间都是如此美妙神奇。它们或华丽典雅，或拙朴温馨，床、桌、椅每一件都是雕塑艺术品，让人不忍去触动。虽然由于冰酒店精美的艺术建筑和使用期每年只有三个月的特点，酒店价格十分昂贵，但亲身体验一下在这北美唯一的冰晶宫里睡觉的感觉还是值得的。

我的伊格鲁的里面有一个冰做的大床。尽管为了隔寒床上铺了一大张熊皮，但坐上去还是寒气凛人。看这样子，估计今夜不会有好果子吃，但为了这伊格鲁的特殊体验，我还哆哆嗦嗦地脱掉羽绒服钻进了睡袋，把自己裹成个木乃伊，只剩下脸部露在外面以便呼吸。

由于整个酒店的建筑就是一个巨大的伊格鲁，全部是冰块垒就，自然也没有门框没有门。每间睡房的门上只挂着一条门帘隔寒。显然我缺乏因纽特人的抗寒本领，虽然躲在伊格鲁里，只有脸露在外面，但冰冷的寒气还是毫不留情地袭击着身体上这唯一裸露的部分，让人难以忍受。但是将头部整个钻进睡袋又妨碍了正常呼吸。结果整整一夜都在辗转反侧地与严寒搏斗。

酒店里 40 多间风格各异的客房，每一间都神奇美妙。

晨光终于透过雪墙上半透明的装饰孔照进了室内，像一颗颗闪耀的星星。

一夜好不容易挨过去了。晨光终于透过雪墙上半透明的装饰孔照进了室内，像一颗颗闪耀的星星。看看手表，已是早晨六点多了。我总算坚持完成了在伊格鲁中过夜的艰巨体验。钻出睡袋，重新把自己用羽绒大衣武装起来。走出房间才发现旁边的客房已经全部空空如也，住宿的客人们早都不见了。原来并不是只有我在祈盼天明。所有的人都被冻得难以享受睡眠，只好早早地爬起来跑到酒店外面有暖气的接待厅去围着壁炉喝热咖啡去了。

有人说在因纽特人的伊格鲁里，因人体的体温和生火做饭等活动造成的热量可以使室内温度上升到摄氏十五六度。这恐怕只是个理论上的理想状态。先不说人体体温是否真能把冰室内温度加热到这么高。即使有这个可能，也不难想象出纯冰雪做成的伊格鲁在十几度的温度下会融化成什么样子，还能不能住人。其实真正的伊格鲁室内的温度还是相当低的，即使是抗寒能力非常强的因纽特人住在伊格鲁里，也还要身穿厚厚的兽皮衣袍保暖。

根据自己在冰屋里一夜难挨的体验，号称是可以抗零下 40 摄氏度严寒的高级睡袋还是不如因纽特人的传统兽皮衣啊。

虽然冰酒店使用期只有三个月，酒店房间价格十分昂贵，但亲身体验一下在这北美唯一的冰晶宫里睡觉的感觉还是值得的。

乌阿川鬼村，开拓者曾经的家园

离开红叶如火如荼的圣劳伦河畔，沿公路一直向北，路边的森林逐渐稀疏，色彩也从火红慢慢地变成了以金黄为主。北方的桦树林一片一片地从车窗外闪了过去，收割后的田野显得有些空旷。汽车爬上了一个缓坡。视野顿时开阔起来。一个烟波浩渺的大湖出现在我们的眼前。圣让湖——北美新大陆法兰西文化传统的心脏到了。

圣让湖位于加拿大魁北克省的中部，湖区是魁北克省最重要的农业区，盛产蔬菜和水果。圣让湖区的蓝莓是水果中的珍品，也是世界蓝莓里最正宗的品种。因为远离魁北克南部的大都市，这里少有现代大城市生活的影响，因此民风朴实，很好地保留了许多新大陆殖民开发初期的文化传统和生活方式，因此又被誉为最纯正的新法兰西文化之乡。

我们慕名远道而来，面对无边的大湖和无际的田野，不知从哪里开始这次旅行。彷徨时正好看到路边的圣让湖区旅游信息站，就下车进去咨询。一位工作人员建议我们去不远的加尔伯特山谷。那里有一个新开发出来的旅游景区——一个100多年前的废弃鬼村遗址。

圣让湖位于加拿大魁北克省的中部，湖区是魁北克省最重要的农业区，盛产蔬菜和水果。

19 世纪末，北美地区的纸浆和造纸业发展得很快。加拿大东部地区的森林资源极为丰富，为造纸业提供了充裕的原材料。一个叫达马斯·加尔伯特的企业家看中了圣让湖畔的乌阿川河上的一个天然大瀑布。这条瀑布从 100 米高的山顶上分两级跌落下来，产生的动能能为纸浆厂提供很好的能源。因此加尔伯特筹集资金，于 1901 年在瀑布边开始动工修建乌阿川纸浆厂。与工厂同时建造的还有工人住宅区。四座双室的木头房子和一座小旅馆成了乌阿川工人村最初的民居建筑。

乌阿川工人村利用起工厂所拥有的水、电等便利条件，是当时少有的现代化民居。村里的每个工人家庭拥有一套两个居室的小木屋。工厂还为每个家庭安装了简单的自来水装置和以工厂的废料木屑为柴的取暖大炉子。后来还安装了电灯。这种居住条件在当时是很方便和舒适的。

到 1924 年乌阿川工人村的住宅发展到了 40 座居民住宅、

乌阿川河上的一个天然大瀑布从 100 米高的山顶上分两级跌落下来，产生的动能能为纸浆厂提供很好的能源。

四座双室的木头房子和一座小旅馆成了乌阿川工人村最初的民居建筑

5 条街道、2 所学校、一座教堂和邮局。在村子里安装了污水下水道。街道两侧植树种花，还修建了喷泉。这些让乌阿川工人村成了当地人非常羡慕和向往的住宅区。

在乌阿川村遗址上，现在有 20 座保存完好和半倒塌的木头民宅和一座规模相当大的两层木头楼房。我穿行在金色的白桦林包围中的这些老式木头房子之间，一间又一间好奇地趴在窗户上向里面看。一位中年妇女指着一间木房子门口的“圣乔治街 3A 号”的门牌对我说：“当年这里是我祖父的家呢。”

那牌子下面写着：“约瑟夫 · 高提亚，机械师。1927 年在此居住”。

20 几间保存完好的木头房子每间门口都有这样一块牌子，

缅怀这里当年的主人。据那位妇女说，当时的乌阿川工人村曾经是当地人非常羡慕和向往的现代化住宅区。

不难想象当年这个工人新村的家庭俭朴生活的温馨和忙碌。每天天刚亮，女主人就起床去挤牛奶、准备早餐。七点钟丈夫吃过早饭后提着饭盒去上班。孩子们去村里的小学校上学后，女主人在家里开始了一天的忙碌。20 世纪初的工人村既没有脱离田园生活的宁静和安详，又有了现代化生活条件的舒适。从某种意义上讲。这正是忙碌焦躁的现代城市居民所渴望的生活。

乌阿川村遗址不仅让现代人有机会看到北美新大陆开发期

在乌阿川村遗址上，现在有 20 座保存完好和半倒塌的木头民宅和一座规模相当大的两层木头楼房。

人们用剥去树皮的圆木为材，房子的四角采用楔口咬合的方式连接。圆木之间的缝隙用草泥糊住。或者把木屋的外墙用木片或木板遮挡起来。

有些房子的同一面墙上同时可以见到两种不同的木头墙皮

人们的生活方式，而且是这个年代的民居建筑的经典样板。新大陆极为丰富的原始森林为木头建筑提供了得天独厚的条件。因此早期的殖民者的房屋清一色都是小木屋。开始人们用剥去树皮的圆木为材，房子的四角采用楔口咬合的方式连接。圆木之间的缝隙用草泥糊住。后来贴墙皮形式的木屋出现了。这种把木屋的外墙用木片或木板遮挡起来，既可以覆盖圆木墙的缝隙，又可以起到保护房子不受雨水损坏的作用。20 世纪初在加拿大的东部和美国东部的新英格兰地区，这种形式的木头房子十分常见。

制作木头墙皮有两种方法。一种沿树干的纹理纵向锯出一边薄一边厚的窄木板，把它们在水平方向上一层层半叠加地覆盖在房子的外墙上；另一种是用斧头劈成大约 30 厘米高、20 厘米宽的薄木片，然后把这些木片覆盖在外墙上，看上去木屋像披上了一件鱼鳞片的盔甲。这种木片也可以作为木瓦铺设在屋顶上。乌阿川村的木头房子上采用了这两种外墙结构。有些房子的同一面墙上甚至同时可以见到两种不同的木头墙皮。

可惜曾经人人羡慕的现代化工人新村好景不长。由于工厂的管理问题和资金链断裂，再加上市场上对纸浆的需求量的下

风吹雨打，木屋破败坍塌，被荒草掩埋。曾几何时被人人羡慕的工人新村变成了一座废弃的“鬼村”。

降，乌阿川纸浆厂在经历了几次濒临破产又起死回生之后，终于在 1927 年被迫停产关闭了。厂里的数百名工人和他们的家庭只好全部去其他地方寻找生路。乌阿川工人村成了无人居住的空村。风吹雨打，木屋破败坍塌，被荒草掩埋。曾几何时被人人羡慕的工人新村变成了一座废弃的“鬼村”。

20 世纪 60 年代以后，乌阿川“鬼村”作为一个旅游点对公众开放，并且投资修复了部分老旧木屋。现在的乌阿川“鬼村”修缮管理良好，没有一丝“鬼气”。是日这里正举行一场当地的红叶节音乐会，村子里人来人往热热闹闹。

老旧木屋群在美如油画般的白桦林里隐现。湖光林色构成了一幅令人陶醉的秋色的美丽画卷。

我们沿着村子背后的一条长长的登山木阶梯登上了山顶的观景台。乌阿川瀑布在身边咆哮奔腾而下。它的脚下的老磨坊静悄悄地毫无生息。旁边的老旧木屋群在美如油画般的白桦林里隐现。更远的圣让湖辽阔的湖面在秋阳下闪闪发光。湖边已收获完毕的田野上，从北极地区南下，在这里休整觅食的雪雁群白花花地此起彼落。湖光林色构成了一幅令人陶醉的秋色的美丽画卷。

乌阿川“鬼村”，有“鬼蜮”的宁静，更有神界的秀美。

室外楼梯，蒙特利尔的独特风情

多年前刚到蒙特利尔落脚时，我选择住宅第一个考虑的条件不是居室的多少和地段的位置，而是楼梯。的确，这种选房的方式很不合常理。但这个城市传统居民区里那些独具一格的室外楼梯一下子就把我抓住了。

这是些两三层的普通民宅。无论是涂饰得五颜六色的平顶砖房还是带阁楼和高雅饰顶的石头房屋，虽然建筑设计各有千秋，却无一例外全部在建筑的正面从二层向着街道延伸下一道生铁铸架、木板铺阶的露天楼梯。站在街道的一端望去，这些露天楼梯沿马路两侧一字排开，或笔直而下庄重稳妥，或蜿蜒曲折婀娜多姿。

虽然这些露天楼梯看上去很美，却让我这个衷情者吃了苦头。刚入住时是正好是隆冬季节。两三天就下一场大雪。积雪总把楼梯覆盖成了光溜溜的雪坡。每天早上一出门，脚下就是一架雪滑梯。这种时候原来的欣赏就变成了抱怨：在蒙特利尔这样一座北方城市，一年里有五六个月是冬天。天寒地冻的，人们为什么不把楼梯放在室内，却把它们扔到了外面，让人们每天一出门还没下楼梯就是风雪扑面呢。

站在街道的一端望去，这些露天楼梯沿马路两侧一字排开，或笔直而下庄重稳妥，或蜿蜒曲折婀娜多姿。

这种民居形式的始作俑者是历史。

历史上圣劳伦斯河是欧洲人开发北美新大陆的切入口。位于圣劳伦斯河畔的蒙特利尔市那时是北美大陆与欧洲之间的最重要的兽皮贸易的主要中转站。100 多年前，大批的劳工从农村甚至从欧洲移民来到蒙特利尔，使城市人口激增，促进了城市住宅建设的繁荣。

新移民的主体是劳工阶层。他们的家庭往往人口众多，需要较大的住宅面积。但由于他们无力购买独门独户的住宅，现有的一家两层的排屋也对他们来说也太贵了。于是排屋被进一步分割，每一单元里每层都住进不同的家庭，成了公寓式的住宅。

虽然这显得拥挤了些，但无论住在哪一层，每个家庭的住宅都是自成一体，有着各自独立的出入口。后来一些比较富裕的人买下整个小楼来做房东出租。他们一家住在楼下，把上面一两层租给房客，而房客均通过自己的楼梯独立出入。

可是这种像雨后春笋般冒出来的住宅很快占据了城市的大

量空间，眼看要把蒙特利尔变成一座砖头石块堆成的工棚了。于是市政府赶快出台了一项法规，规定新建的住宅的前后必须要留下一定的绿化空间。

在寸土寸金的城市里，要挤出些绿地就得减少住宅的建筑面积，这会让本来就不够的住宅变得更加紧张。这时，不知道是谁想出了个主意：把楼梯造到建筑外面去。这样既可以节省出室内的可利用空间，又可以在室外楼梯下面和四周栽花种草，让屋前绿地与室外楼梯来个空间共享，岂不是一举两得。于是，这种适合从农村来的蓝领工人阶层的带室外楼梯的简朴民宅便在蒙特利尔市应运而生了。

从当时注重建筑美学、强调建筑华丽外表的上层社会的审

每个家庭的住宅都是自成一体，有着各自独立的出入口。

如果楼层不太高而且建筑与街道路牙之间又有足够的空间距离，楼梯可以从二楼笔直地斜铺到地面。

如果建筑与街道的路牙之间的距离太近，室外楼梯无法以较小的坡度笔直伸展开，便产生了各种形态的旋转楼梯。

美角度，这种民用建筑是平庸无奇、毫无美学价值的。这种将铁架子楼梯架在室外、怪里怪气的住宅给人一种临时的、尚未完工的印象，是下层人生活的象征。

其实这种被上层社会蔑视为“临时脚手架”的室外楼梯在设计修建上有许多讲究。如果楼层不太高而且建筑与街道的路牙之间又有足够的空间距离，楼梯便可以从二楼笔直地斜铺到地面。但是如果建筑与街道的路牙之间的距离太近，室外楼梯无法以较小的坡度笔直伸展开，便产生了各种形态的旋转楼梯。

在蒙特利尔的旧式住宅区，可以见到数不胜数的室外楼梯的形式。它们有的简陋、有的奢华，有的低调无奇、有的引人注目，有的直白平淡、有的装饰繁缛。生铁铸造的楼梯两弦往往铸出简洁美丽的花纹图案，木板阶梯上多铺着草根编就的防滑地毯，或者干脆漆成不同的颜色。似乎邻里之间已有约定，每家楼梯的颜色都与众不同，但又与四周的建筑色彩相呼应。

在地面上，楼梯的一侧是底层住户的街门，而在二楼楼梯的顶端向旁边拐出一小方阳台，二层住户的街门就开在阳台上。这些千姿百态形态各异的室外旋转楼梯就像街道边两排身披五颜六色的衣衫、从姹紫嫣红的花丛中轻扭腰肢、婀娜而起的舞女，为街区增添了不尽的风情和魅力。

春天，温暖的阳光融化了台阶上的积雪，年轻人摘下了在楼梯上挂了一冬的自行车，准备去开始新的一年的室外运动。另一些人更是迫不及待地在自家的小阳台上做起了日光浴。房东们也纷纷重新给楼梯粉刷油漆，让它们的面貌焕然一新。

夏天，楼梯四周各家各户围起的小花园里鲜花盛开，退休的老人们在自家的花园里边培土锄草边与邻居聊天。傍晚，年

千姿百态形态各异的室外旋转楼梯就像街道边两排身披五颜六色的衣衫、从姹紫嫣红的花丛中轻扭腰肢、婀娜而起的舞女，为街区增添了不尽的风情和魅力。

在蒙特利尔市特有的全城搬家日。一家又一家租约到期或者新签约的住户们搬着他们的家什在室外楼梯上上下下，热闹非凡。

轻人坐在楼梯上乘凉，弹着吉他自娱自乐。

秋天，纷纷飘落的枫叶给楼梯铺上了一层斑斓的地毯，放学回来的孩子们就坐在上面讲故事。每年的 7 月 1 日是蒙特利尔市特有的全城搬家日。一家又一家租约到期或者新签约的住户们搬着他们的家什在室外楼梯上上下下，热闹非凡。

当然，冬天是有室外楼梯的住户最头痛的季节。隔几天一场的大雪让他们不得不一次又一次地拿起铁锹和扫把清雪。而一年四季最辛苦的要数邮递员了。日复一日，他们背着大邮包在一架挨一架的室外楼梯上爬上爬下，把邮件送到每家的门口。

除了楼梯的形态和颜色外，人们甚至可以从这些不同的室外楼梯上看出房子主人的身份、教养、性格甚至宗教信仰、政治倾向和是哪支冰球队的粉丝。那些受教育程度比较高的居民的审美观比较含蓄。他们的室外楼梯的颜色一般为石头的灰白本色，但是灰淡却不失雅致；那些家境比较富裕，但审美观没有脱俗的居民，喜爱用对比强烈的大红大绿把自己的房子和楼梯搞得五彩缤纷；而那些在经济上比较拮据，或者正在为生活而奔波的人家，显然顾不上家门外的楼梯，所以他们的楼梯都是没有任何讲究和颜色，像一排排铁架子一样戳在街道边。

遇到大选的时候，楼梯上的小阳台上常常会挂上房主拥戴的政党候选人的大幅头像；在世界杯或者冰球联赛季，楼梯上

楼梯四周各家各户围起的小花园里鲜花盛开，退休的老人们在自家的花园里边培土锄草边与邻居聊天。

带室外楼梯的民宅为蒙特利尔市在城市文化领域赢得了独树一帜的荣誉

张扬着房主支持的球队的队旗；圣诞节期间，楼梯上下左右张灯结彩；万圣节之夜，楼梯上点亮奇形怪状的南瓜灯。

100 多年过去了。当年因为社会经济问题而产生的麻烦已经变成了独具特色的城市装饰和地标。带室外楼梯的民宅，这只昔日的丑小鸭如今已蜕变成了高雅美丽、风情万种的天鹅，为蒙特利尔市在城市文化领域赢得了独树一帜的荣誉。

桑波多，住进监狱之城

桑波多监狱是民居里的另类。但是那里确实是许许多多的玻利维亚普通人，甚至普通的家庭常年居住的地方。除了“监狱”这个让人躲避不及的名头，这里与玻利维亚城市里到处可见的贫民区没有什么不同。

前来探监的女人在监狱大门口等着开门

桑波多监狱位于玻利维亚的拉巴斯市区的边上，是一座有着厚厚的高墙的大院。四角上的监狱特有的岗楼和沉重的大铁门提醒着人们这里的与众不同。

一大早，在监狱大门口就排起了一小队等着开门的人。其中有头戴玻利维亚的传统礼帽，穿着又肥又大的裙子，提着大包小包前来探监的女人，也有像我这样想进这座开放观光的特殊监狱去看看的好奇的外国旅行者。

门开了，铁栅门里面有几个似乎早已等在那里的男人自称是导游，他们吆喝着，伸出手索要参观费。看门的狱警对此司空见惯，看着我们交了钱就打开了大门。而在迈进监狱的大门时，很多人都以为自己走错了地方，来到了一处与这个城市的任何一个地方都没什么两样的街头小广场。

这里的冷饮摊遮着印着可口可乐商标的阳伞，卖三明治的小贩在招揽着客人，三三两两的“闲人”百无聊赖地在房檐底下坐着，或者在打台球和玩电子游戏，甚至还有孩子在跑来跑去。里面房子上的窗子并没有铁栏杆，院子里也没有任何警察和哨兵。所有的人都自由自在爱干什么就干什么。

不错，院子边上的岗楼里的确有哨兵在站岗。但他们唯一的任务就是禁止犯人们走出监狱大门。至于其他事情，犯人们在监狱里该怎么做，那是犯人自己的事。警察也很少到监狱里面来。如何维持监狱里的秩序也由犯人们自己掌握。

幸好桑波多监狱里的犯人们还不是无政府主义者。于是他

冷饮摊遮着印着可口可乐商标的阳伞，卖三明治的小贩在招揽着客人，三三两两的“闲人”百无聊赖地在房檐底下坐着。

们自己按监狱里的八个监区分别选出各自的头儿，负责维持秩序和在必要时与其他监区协调。而这些头儿们管理的唯一办法就是使用暴力。据说这里每个月都会有四五名犯人死亡。除了生病的以外，恐怕在维持秩序的名义下死亡的也不在少数。

桑波多监狱除了“自治”管理的特点外，另一个有点匪夷所思的特点是这些被法律强制关押的犯人却得自己出钱租住自己的牢房。尽管在高墙之内的住宅不可能太讲究，但这里也绝对没有什么壁垒森严的囚室和铁栏。许多地方看上去到处是毫无规划的“违章建筑”，最像样的是我们在国内常见的民工临时宿舍那样的两层简易板房。墙皮剥落的砖墙、铁皮或者玻璃纤维板的薄屋顶。一排长长的露天走廊上常依着百无聊赖的犯人。所有的囚室门都开着，犯人们像在邻居家串门一样在各“家”随便走动。

但是像外面的居民区一样，桑波多监狱里也不全是这种“标准楼”。监狱的牢房也分为三六九等，而且更重要的，是一切以价钱为准。有钱的犯人可以花 1000～1500 玻币租一套带二层的套房，里面有私人卫生间和厨房，还有光缆电视。烦闷了可以登上二楼瞭望拉巴斯全城和远处巍峨的雪山。没钱的犯人就只好五六个人合租一间，里面除了每人的床垫外没有其他任何家具。身无分文的犯人自然也没有权利住进牢房，只好在监狱里“流落街头”。

在这种自治和自食其力的条件下。犯人们必须想办法挣钱以便能租一间牢房住。既然不许出去，他们挣钱的营生就都是以内需为目的。开个冷饮点，摆个果菜摊，经营个小杂货铺或修鞋摊，或者当监狱内部的邮差，在食堂做饭，还可以自制一些简单的手工艺品卖给游客。当导游也是个不错的挣钱方法。2003 年，一位澳大利亚的律师曾经作为访客在这里长期蹲点，然后把亲身经历写成了书出版，十分畅销。从而让去桑波多监狱参观成了玻利维亚的一个特殊旅游项目。

36 岁的犯人维克多竟然挺自豪地告诉游客，他从小就是个流浪儿。童年几乎都是在少年管教所里度过的，曾经被送进去 27 次。而桑波多监狱他是第 8 次进来了：“我就像认识自己的家一样认识这里，它的历史，它的名人，它的每一个角落。为

桑波多监狱所在的拉巴斯市是玻利维亚的行政首都，一个海拔 3800 米的美丽的安第斯高原之城。

两层简易小楼墙皮剥落，一排长长的露天走廊上常依着百无聊赖的犯人。

此我正打算写一本桑波多监狱的导游手册。”他说，“要是能出书，我就挣大钱了。”

桑波多监狱所在的拉巴斯市是玻利维亚的行政首都，一个海拔 3800 米的美丽的安第斯高原之城。像世界上所有大城市一样，拉巴斯市市中心有着现代化的高楼大厦和大型体育场。然而在它周围的山坡上越来越多的贫民窟拥挤在一起。里面的居民主要是当地的土著山民和难以找到工作的下层百姓。桑波多监狱里关押的犯人多来自这一地区。而他们犯罪的原因大多直接或间接地与毒品有关系。

监狱里常年关押着 1500 名在押犯。其中 75% 的案犯都与毒品有关。甚至在监狱里，许多犯人仍在公开地炼制毒品。大到有像样设备的实验室制作间，小到在牢房里土法制作。这些毒品除了满足监狱内部的消费外，还通过各种办法带出监狱流通到社会上去出售。20 世纪末曾经有不少外面的毒品贩借着参观监狱的机会进行毒品买卖活动。造成了这个特殊的旅游项目一度被政府强行禁止。

南美洲的毒品交易有着十分复杂的文化渊源和传统背景。当地居民自古就有嚼古柯叶的习惯。据说它有利于克服高海拔对人体带来的不适。在安第斯山区栽种古柯类植物也有悠久的历史。在现在的市场上古柯叶就像蔬菜水果一样是老百姓合法的日常交易内容。古柯类植物又是提炼可卡因的原料。这就给毒品交易提供了市场，也为找不到其他出路的下层百姓提供了谋生的手段。

在玻利维亚毒品买卖被列为非法活动，并且规定一旦因贩卖毒品而被关押则不得保释，只能在监狱里等候最高法院的判决。而这一等候往往需要几个月到几年的时间。因此桑波多监狱不但有了源源不断的犯人来源，而且其在押的犯人多数都是尚未判刑。

于是人们就看到了这样奇怪的景象。这些身强力壮的男人被关在这座除了出去的自由之外几乎什么自由都有的监狱里无所事事。自己想办法挣钱以便租住下一间关押自己的牢房，然后一年年地耐心等待对自己的判决。

由于监狱的特殊管理方式和宽松自由的环境，犯人们看上去也都是懒懒散散，百无聊赖的样子。虽然不同监区之间的狭窄通道都有铁栏门隔开，但白天铁栏打开，各监区的犯人可以自由来往，晚上为了防止跨监区的偷盗和暴力活动，各监区才会关上铁栏门。

在最大的一个监区的天井里，是一个水泥地的足球场。经常会有身穿不同颜色的球衣的犯人足球队在这里比赛。每当这个时候，天井四周的二层简易楼的走廊上都站满了观赛的犯人。足球赛是桑波多监狱里最受欢迎的娱乐活动。除了场地面积有限外，其他规矩与外面的足球比赛都一样。每个

在最大的一个监区的天井里，是一个水泥地的足球场。经常会有身穿不同颜色的球衣的犯人足球队在这里比赛。

监区都有自己的球队。出色的球员会被“富人队”高价买下。而每年监狱里赌球的钱高达两万多美元。一个犯人开玩笑说：“在这儿和外边一样，只要你踢得棒，你就可以用脚，而不是脑子来挣钱。”

让桑波多监狱显得最像普通居民区的，是监狱里随处可见的孩子。他们都是犯人的子女。这些十来岁甚至更小的男孩女孩或者在玩耍简单的玩具，或者坐在墙角发呆。他们的存在更让人忘记了这里是一所监狱，可是只要想到这里是什么地方，就不免为这些孩子的成长而担心。可以想象，在这个充满暴力的场所里，整天耳闻目睹的一切会对孩子们的心灵产生什么样的影响。他们也随时可能成为暴力犯罪的受害者。

然而他们似乎没有其他的选择。这些孩子有的父母同为在押犯，有的因父亲犯罪，母亲难以带着孩子在外面艰难的环境里生活，就只好也带着孩子住进监狱里，与犯罪的丈夫为伴。她们说，好歹在监狱里一家人在一起。父母还可以尽量保护自己的孩子，并保证他们的基本生活。据说在桑波多监狱里有好几十个这样的孩子。幼小的在监狱里上托儿所，大点儿的除了每天去外面的学校上学外，其他时间就在监狱里与犯人为伍。

满处乱跑的孩子、在公共水池边一边洗衣服一边聊天的女人、热情的小贩、菜摊、小铺和到处无所事事的男人。空气里夹杂着热情洋溢的南美音乐。这一切组成了一幅玻利维亚城市贫民区的市井图画。从某种意义上讲，桑波多监狱的情景就是玻利维亚这个南美国家的缩影，两极分化，腐败横行，毒品泛滥。同时又重视人情亲情，以家庭为重。在这里美与丑、善与恶并存，富人在监狱里也可以养尊处优，穷人在监狱里照样沦落街头。犯人因毒品被关押，却在监狱里继续公开制造和买卖毒品。

桑波多监狱是1000多名玻利维亚下层人过日子的地方。而“民居”在这里却没有温馨，只有无奈。

满处乱跑的孩子、在公共水池边一边洗衣服一边聊天儿的女人、热情的小贩、菜摊、小铺和到处无所事事的男人。这一切组成了一幅玻利维亚城市贫民区的市井图画。

法沃拉，高悬在天堂之上的“地狱”

站在法沃拉的山顶上向下望，人们会惊叹眼前景色的怪异：从脚下开始大片大片的贫民窟摩肩接踵拥挤着向山坡下蔓延，如同山上奔涌而下的浑浊的洪水，携带着一片破败、混乱和不羁。突然这片“洪水”在山脚戛然而止。代之而起的是成片的现代化摩天大楼、豪华的度假酒店、绿树成荫的城市街道、宽阔的海滨大道和在路上飞驰的高级轿车，以及阳光灿烂的假日海滩。更远的地方，是蔚蓝的大海、美丽的海湾和里约热内卢举世闻名的地标——矗立在奇异的礁岩上高大的耶稣巨像，他张开双臂似乎在拥抱人类。

两年前，席尔瓦总统在哥本哈根国际奥委会的2016奥林匹克运动会主办权仲裁仪式上欣喜的热泪，和十几万里约人在海滨大道上的申奥成功庆祝狂欢的情景仍在人们的记忆里清晰可见。如今，为五年后的奥运盛会所做的准备开始触及了我脚下的这片独特的都市贫民区——法沃拉。

看一看周围的景象，谁都会明白天堂与地狱在表观上的区别。数不清的说不上是房子还是棚子的建筑五花八门、高高低

大片大片的贫民窟摩肩接踵拥挤着向山坡下蔓延，如同山上奔涌而下的浑浊的洪水。突然这片“洪水”在山脚戛然而止。代之而起的是成片的现代化摩天大楼。

低、歪歪斜斜，木头的、砖石的、灰浆的、土坯的甚至是塑料的，密密麻麻，如同山坡上一片摇摇欲坠的灰石垃圾泥石流，令人胆战心惊。实际上，在这片贫民窟形成以来的一百多年间，这里确实发生过大大小小数不清的泥石流。雨水造成的山体滑坡将一片又一片本来就岌岌可危的简陋房屋席卷而去，使拥挤不堪的山坡更加一片狼藉。

如此强烈的反差使所有的人都惊叹不已。有人戏称：里约热内卢的法沃拉是世界上唯一一处让穷人高高在富人之上欣赏海景的居住区。而另有人用更贴切的词句来形容法沃拉——高悬在天堂之上的“地狱”。

法沃拉的历史起源于19世纪末巴西的卡努多内战。战争

数不清的说不上是房子还是棚子的建筑五花八门、高高低低、歪歪斜斜，如同山坡上一片摇摇欲坠的灰石垃圾泥石流，令人胆战心惊。

结束后军队的两万多名退役士兵返回里约热内卢，政府却没有安置这些人的地方。于是他们便将位于里约热内卢城市后面的公众属地的山坡作为落脚之地，并用生长于战争获胜营地附近的一种荆棘的名称将这片区域命名为“法沃拉”。后来，大批获得自由的黑奴也以此为居住区并逐渐代替了早先的退役士兵。

20 世纪 70 年代，巴西经济飞速发展，里约热内卢的城市建设需要大量的劳动力。大批穷人从巴西各地来此做工，许多大大小小的法沃拉应运而生，成为这些城市贫民聚集的社区。里约热内卢后的山坡经常在暴雨后发生滑坡，所以是禁止建筑的地方，但是只有在这种地方穷人才能找到落脚之地。因此法沃拉逐渐成了贫穷的代名词。

然而法沃拉的新老居民们似乎并不认为自己居住的地方是“地狱”。他们秉承了南美人热情快乐的天性，满足并享受生活中的一切。他们靠自己的双手在建设家园。法沃拉人用力所能及寻找到的各种材料在一砖一瓦地建筑自己的小窝。没有水电这些基本生活设施，法沃拉的居民便发挥自己的创造力，找来废弃的大小塑料管子，一截截连接起来引来自来水或作为下水道；用被戏称“猫爪”的金属钩子东一道西一道地搭到附近可以寻找到的供电线路上为自己的住房引来电源；用拾来的飞机破舷梯架在陡坡上作为上下层居民之间的台阶。这些自力更生、各自为政的结果造成了法沃拉杂乱无章的建筑格局和低劣简陋的生活条件。

在这片山坡上拥挤不堪的贫民窟里找到一块像样的平地不是容易的事。多数情况下最大的平坦的地方是各家各户的屋顶。

法沃拉人用力所能及寻找到的各种材料在一砖一瓦地建筑自己的小窝。这些自力更生、各自为政的结果造成了法沃拉杂乱无章的建筑格局和低劣简陋的生活条件。

最大的平坦的地方是各家各户的屋顶。那里成了居民们享受生活中点滴乐趣的地方。

政府治安管理部门对法沃拉的贩毒集团唯一可以做的就是动用警察和装甲车一次次地清剿

于是那里成了居民们享受生活中点滴乐趣的地方。孩子们在狭小的屋顶露台上转着圈骑破旧的自行车，年轻人可以踢上几脚足球，妇女们一边拉上绳子晾晒洗好的衣物，一边与旁边屋顶上正做着同样的事的邻居聊天。

尽管条件简陋杂乱，法沃拉人似乎相当喜爱自己的家园。最让法沃拉人骄傲的是他们的桑巴舞学校。巴西最著名的桑巴舞明星几乎都出自法沃拉的几个桑巴舞学校，他们让这一奔放热烈的舞蹈享誉全球，成为巴西文化最重要的代表。

然而，无论是巴西政府还是社会的富裕和中产阶层都有意无意地对高悬在他们城市头顶的法沃拉视而不见。他们觉得法沃拉是里约热内卢这个现代化大都市的耻辱。因为黑社会把持的贩毒活动是法沃拉社区的主要地下活动，里约热内卢市政府和警方长期以来视法沃拉贩毒团伙为城市的毒瘤，却无法用有效的手段予以割除。

政府治安管理部门对法沃拉的贩毒集团唯一可以做的就是动用警察和装甲车一次次地清剿。然而前来清剿的警方在密密麻麻迷宫一样复杂的贫民窟中很快就会被搞得晕头转向失去了方位。他们的警车也在这片拥挤的建筑群中施展不开。而土生土长的黑帮毒品贩子却如鱼得水，居高临下地与警察们周旋。

法沃拉就是这样一个混杂着淳朴善良与罪恶危险的社区，一个充满生活的勇气与堕落的欲望的地方，一个缺少最基本的生活设施却拥有最美丽的景色的家园，一个离富裕和豪华近在咫尺，却被那个社会鄙弃在一边视而不见的另类社区。

法沃拉就是这样一个缺少最基本的生活设施却拥有最美丽的景色的家园

的的喀喀湖芦苇屋，飘荡在安第斯山之巅

从秘鲁南部城市普诺市乘船两个小时以后，终于踏上了大名鼎鼎的的的喀喀湖草岛。顿时我感到自己踩到了一只大水床上。每一脚踩下去都会下陷两三厘米。茅草唧唧咕咕地浮起来，好像每一脚都会从一个裂缝里陷到湖水里去。本来的的喀喀湖近 4000 米的海拔已经搞得我头重脚轻的，在这草岛上行走就更像一个醉汉那样东倒西歪了。同船下来的另外几个游客也都被这种奇怪的感觉搞得又笑又叫的，乌罗人的草岛就用这样奇特的方式迎接了我们。

的的喀喀湖位于南美洲安第斯山之巅，海拔 3812 米。它有一大一小两个湖泊，之间被一条狭窄的水道相连。因为这两个湖的形状像一头猎豹在追捕一只奔逃的兔子，当地人给湖起名为“山豹”。的的喀喀湖位于秘鲁和玻利维亚两国的边界上，是世界上最高的可通航的湖泊和南美洲水量最大的淡水湖，是安第斯山的明珠。

在的的喀喀湖畔居住着安第斯山的土著居民乌罗人。这是一个历史十分悠久的民族。在他们自己的传说里，在太阳还没有照耀到地球上以前，乌罗人的祖先被闪电击中，具有了非凡

的的喀喀湖位于秘鲁和玻利维亚两国的边界上，是世界上最高的可通航的湖泊和南美洲水量最大的淡水湖。

的力量和不死的身躯。乌罗人自称自己的血液是黑色的，可以抵御高原的严寒。但是后来因为他们违背了天条，与人类通婚而丧失了神力，甚至失去了本民族的语言和传统。

实际上早在500多年以前，乌罗人就因为长期与埃玛拉人通婚、使用后者的语言而被同化，逐渐失去了本民族的语言。13世纪，统治安第斯山区的印加帝国把乌罗人视为卑微民族而镇压驱赶，迫使他们逃到的的喀喀湖上结草成岛、扎草为屋，远离陆地和强大的印加帝国的侵扰，过起了简朴的与世隔绝的水上生活。

从当地出土的古代陶器上的图案可以看到，早在3000年以前乌罗人就使用的的喀喀湖上盛产的茅草——托托拉草制造的草船在湖上捕鱼了。自从他们被印加人追捕，被迫把全部生活都移居到水上以后，乌罗人用托托拉草为自己开辟了一片新的土地——托托拉浮岛。

乌罗人把在浅水区大片大片生长的茅草连根挖起来，在水面上铺成一片。托托拉草的草根非常发达，纵横交错地网住了泥土，成为两米多厚漂浮的草垫。

他们把在浅水区大片大片生长的茅草连根挖起来，在水面上铺成一片。托托拉草的草根非常发达，纵横交错地网住了泥土，成为两米多厚漂浮的草垫。乌罗人在这大草垫的西面插上木棍，用绳索把草垫抛锚在湖底。在草垫的上面他们再用打成捆的托托拉草横竖交叉地一层层加厚。据说水下的草根基层最长可以保持 30 年不烂。但是上面的草捆却用不了多久就会腐烂掉。因此需要每隔一两个月就增铺新的草捆。

可以说托托拉草是乌罗人的衣食父母。他们的日常生活离不开托托拉草，终日围绕茅草劳作。除了不断地为浮岛准备新草捆外，他们还用托托拉草编织草屋、草床和草桌。岛上还建有草编的瞭望塔。托托拉草的嫩根是乌罗人的食物之一，也是防止许多病痛的草药。像安第斯山区的其他土著居民有嚼古柯叶的习惯一样，的的喀喀湖的乌罗人嚼的是托托拉草根。除此之外，他们身上哪里不舒服就会在那里缠上托托拉草。据说草叶可以吸收掉疼痛。天气太热时，他们会把草撕开贴在脑门上以避暑。

托托拉草还是乌罗人在浮岛上饲养的猪和羊等家畜的饲

料。如果有多余的草，他们就送到岸上去，用来交换粮食。

目前在的的喀喀湖上有40几座乌罗人的草浮岛。其中大的方圆两三百平方米，住十来户人家。小的只有不到百平方米，住一两户人家。在20世纪80年代以前，这些浮岛在远离陆地的湖的深处漂浮着。乌罗人几百年来在水上过着远离尘世的简朴生活。

1986年的的喀喀湖区遭受到罕见的大暴风雨，许多草浮岛都被严重损坏。乌罗人出于安全的考虑不得不把浮岛迁移到了离岸边较近的地方。他们也希望能在陆地上找到一些能够维生的工作。但是他们却因为不适应城市的现代生活方式而四处碰壁。正在他们感到绝望的时候，机会却随着普诺市旅游机构找到了他们的门上。

这些浮岛在远离陆地的湖的深处漂浮着。乌罗人几百年来在水上过着远离尘世的简朴生活。

普诺市是的的喀喀湖秘鲁一侧最大的城市。因为它离秘鲁最负盛名的马丘比丘古印加圣地和库斯科市的黄金旅游线路不太远，从世界各地来的游人很多。乌罗人浮岛的靠近让有生意头脑的普诺市旅行社看到了新的机会。的的喀喀湖乌罗人浮岛旅游项目马上被开发出来。至今它已经是秘鲁旅游的一张新的王牌了。

乌罗人是非常朴实和好客的民族。越来越多从世界各地来的游人使他们看到了自己民族文化的价值，让他们感到了自豪。旅游开发带来了经济收入，让他们看到了生活的希望。因此他们非常热情地向游客展示自己独一无二的草岛和草屋。

乌罗人是非常朴实和好客的民族。越来越多的从世界各地来的游人使他们看到了自己民族文化的价值，让他们感到了自豪。

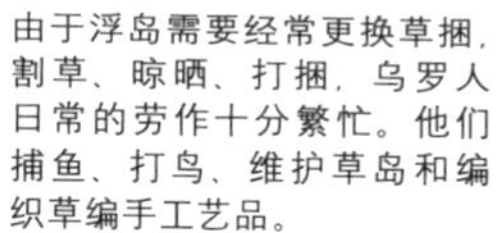
由于浮岛需要经常更换草捆，割草、晾晒、打捆，乌罗人日常的劳作十分繁忙。他们捕鱼、打鸟、维护草岛和编织草编手工艺品。

浮岛上的生活简单快乐。男人每天驾草船去湖上捕鱼、割草。女人在岛上编织、饲养家畜。

我们刚一下船踏上浮岛，男女主人就给每个人带上了一顶乌罗人的彩色线帽。据说这种漂亮的手织线帽每一顶都不一样，制造它的人从人群里一眼就能把自己的作品认出来。

浮岛的主人迫不及待地用模型向我们介绍浮岛的制造过程、参观他们编制的精巧的茅草屋和编成鱼的形状的瞭望塔。在一大块石板上主人维克多一边煮土豆，一边讲起六年前他们第一次接待游客的情景。那是一对上了年纪的德国游客。维克多的妻子按照乌罗人的习惯给他们煮了一条刚从湖里捞上来的鲜鱼。但德国游客却因不习惯而婉言拒绝了，搞得大家都很尴尬。后来旅行社的人安排他们到普诺市的酒店去专门学习西方游客习惯的烹饪方式。现在他们已经能做不少饭店菜谱上的地方菜了。

由于浮岛需要经常更换草捆，割草、晾晒、打捆，乌罗人日常的劳作十分繁忙。游人的到来分散了他们的大量时间和精力，自然加重了他们的负担。为了能够在旅游开发的同时保持他们传统的生活方式，也为了能让所有的乌罗人家庭都能分享旅游收入，的的喀喀湖上的乌罗人社区采取了各岛排班、轮流旅游值日的方式。每天有几个浮岛接待游客，其他的就进行他

自从他们把全部生活都移居到水上以后，乌罗人用托托拉草为自己开辟了一片新的土地——托托拉浮岛。

们的日常劳作，捕鱼打鸟、维护草岛和编织草编手工艺品。

浮岛上的生活简单快乐。男人每天驾草船去湖上捕鱼割草。女人在岛上编织、饲养家畜。现在所有的浮岛上共有六间小学校。乌罗人的孩子就在岛上的小学上学。希望继续升学的年轻人则需要到岸上的城市里去上中学和大学。

浮岛上没有通电。现在有些人家安装了太阳能电池为夜间照明供有限的电力。维克多指着他家的草屋里的一架小电视机告诉我："如果把几盏灯关上，我们就有电可以看电视了。"

我们按照旅行社事先的建议，出发之前在普诺市买了一些新鲜的水果和蔬菜带上岛，作为礼物送给主人。他们非常高兴。主人一家给上岛的女性客人每人披上了一件白色的传统大披肩和色彩艳丽的乌罗人大肥裙子，然后邀请大家与他们共舞。于是在印第安人的排箫欢快的乐曲声里，男女老少、牛仔裤、登山鞋、大披肩、黑圆帽，在颤颤悠悠的浮岛上手舞足蹈，笑声和尖叫声响成一片，像的的喀喀湖清澈的水波，在世界第二屋脊上荡漾开去。

波罗的海

阿尔卑斯山

卑尔根

德国

哥本哈根

卢贝克

英伦三岛

里昂

蒙桑托

特鲁洛

夏莱

地中海

撒哈拉沙漠

地中海

萨那

也门

曼哈顿

沙弗朔恩

西非

杰内

卡塞纳斯

布吉纳法索

格尔法

撒哈拉

印度洋

西伯利亚

克拉拉

印度洋

通克南

巴沃

卡帕多西亚

西伯利亚

北极冻原

南美安第斯山

伊格鲁

爱斯基摩

乌阿川

蒙特利尔

桑波多

法沃拉

的的喀喀

安第斯山

图书在版编目（CIP）数据

何处是我家：关于民居的记忆 /（加）秦昭著.—北京：北京大学出版社，2012.10

ISBN 978-7-301-21255-4

I.何… II.①秦… III.①民居－介绍－世界 IV.①TU241.5

中国版本图书馆CIP数据核字（2012）第219739号

书　　名：何处是我家：关于民居的记忆
著作责任者：[加] 秦昭　著
策划编辑：莫　愚
责任编辑：莫　愚
装帧设计：一瓢设计 · 邱特聪　yp2010@yahoo.cn
标准书号：ISBN 978-7-301-21255-4/K · 0893
出版发行：北京大学出版社
地　　址：北京市海淀区成府路205号　100871
网　　址：http://www.pup.cn　http://www.pup6.cn
电子邮箱：pup_6@163.com
电　　话：邮购部 62752015　发行部 62750672
出版部 62754962　编辑部 62750667
印 刷 者：北京大学印刷厂
经 销 者：新华书店
695mm × 1300mm　32开本　8.375印张　240千字
2012年10月第1版　2012年10月第1次印刷
定　　价：32.00元